中国城市宜居指数
排名分析、模拟及政策评估

沈开艳

上海社会科学院经济研究所所长

陈企业（Tan Khee Giap）

新加坡国立大学李光耀公共政策学院
亚洲竞争力研究所所长

王红霞

上海社会科学院经济研究所研究员

张续垚（Zhang Xuyao）

新加坡国立大学李光耀公共政策学院
亚洲竞争力研究所研究员

毛可（Mao Ke）

新加坡国立大学李光耀公共政策学院
亚洲竞争力研究所研究助理

U0213793

上海社会科学院出版社
SHANGHAI ACADEMY OF SOCIAL SCIENCES PRESS

序言(一)

在中国,"宜居城市"一直是政界、学界、老百姓关注的热点,关于宜居城市的讨论、排名也是多种多样,但目前尚无较为权威的定论。在第二届中国国际进口博览会期间,习近平主席考察上海时说道:"城市是人民的城市,人民城市为人民。……城市治理是推进国家治理体系和治理能力现代化的重要内容。衣食住行、教育就业、医疗养老、文化体育、生活环境、社会秩序等方面都体现着城市管理水平和服务质量。"可以说,上海社会科学院(SASS)经济研究所与亚洲竞争力研究所(ACI)联合开展的城市宜居指数研究,同样秉持着"人民城市为人民"这一精神。因此,在当代城市研究和发展实践的背景下,此次合作研究具有重要意义。具体来说,突出体现在以下三点:

首先,课题成果非常具有开拓性和时效性。研究团队从经济活力与竞争力、环保与可持续性、地区安全与稳定、社会文化状况、城市治理五大方面设计了系统、科学的评价指标体系,对城市宜居性的组成因素进行一次科学而全面的探索。值得称赞和肯定的是,课题组对100座城市的居民开展了31 000多份抽样调查,并将这些主观评价纳入评价体系。我相信,从普通城市居民的视角评价城市的宜居性最为直观,任何不考虑居民的实际感受的有关城市宜居性的研究都是不全面、不客观、不完整的。

第二,课题成果非常具有建设性和启发性。此次综合排名山东烟台为第一位。但研究团队认为单纯的排名就像选美比赛,缺乏建设性意见,就选择利用"假设"模拟分析来回答"那又该如何"的问题,使得本研究更加具有建设性。大部分城市在补齐短板后能够实现名次上的大幅飞跃,其中有16座城市补短板后的总得分能够超过烟台。

第三,课题成果具有一定的实际指导意义。100座城市各项指标排名清晰。单就上海来说,总排名第9,地区安全与稳定指标排名第2,经济活力与竞争力指标排名第5,社会文化状况指标排名第15,城市治理指标排名第33,环保与可持续性指标排名第86,长短板一目了然。上海提出到2035年要基本建成卓越的全球城市,令人向往的创新之城、人文之城、生态之城,具有世界影响力的社会主义现代化国际大都市。这是上海的发展目标,也是上海的时代使命。宜居城市是全球城市的重要基础和支撑,根据这个指标排名,我们可以查遗补缺,有的放矢。

我相信上海社会科学院经济研究所与新加坡国立大学李光耀公共政策学院亚洲竞争力研究所共同完成的"2019年中国城市宜居指数:排名、模拟分析及政策评估"是一项有意义并值得关注的研究。它是对城市宜居性的组成因素和制定相关政策的一次初步但全面的探索。我也相信,在政府和社会各界的共同努力和推动下,中国的城市将变得越来越有魅力,居民将更加安居乐业。

于信汇教授
上海社会科学院党委书记

序言(二)

　　亚洲竞争力研究所自 2012 年开始研究城市的宜居问题,其成果包括"全球宜居和智慧城市指数""中国 100 座城市宜居指数和城市综合发展指数"。今年,我很欣慰地看到亚洲竞争力研究所和上海社会科学院合作并且共同完成了"2019 年中国城市宜居指数:排名、模拟分析及政策评估"。

　　在过去的几十年中,中国经历了迅速的城市化进程。根据国家统计局的数据,城镇人口比例从 1949 年的 10.64%,增长到 1990 年的 26.41%,并在 2018 年达到 59.58%。中国城市化的速度和规模在人类历史上都是前所未有的。但是,许多问题接踵而至,引起了公众的极大关注。政府已实施多项政策以解决住房、交通、雾霾、食品安全以及与外来务工人员有关的社会问题。

　　2013 年,习近平主席强调,国内生产总值不再是评估领导人政绩的唯一关键指标。福利改善、社会发展和环境指标等均应被纳入考虑范畴。2019 年,习近平主席进一步强调,必须在城市建设中贯彻落实以人为本的发展理念。城市的发展应以让公众安居乐业为目标。

　　在本项研究中,亚洲竞争力研究所和上海社会科学院谨遵以人为本的理念。本项研究在 100 座城市中成功进行了 31 000 多次电话调查。普通城市居民的反馈涉及城市治理、城市经济发展以及诸如污染、住房、教育、公共交通等民生问题的方方面面。结合多年统计年鉴中的硬数据,我相信这本书可以为更好地理解城市宜居性的概念和实践提供一种新的视角。我希望这项研究可以为城市政策制定提供一些有益的启示。

张道根

上海社会科学院院长

致　　谢

　　自 2012 年以来,新加坡国立大学李光耀公共政策学院亚洲竞争力研究所一直在追踪世界主要城市的宜居性。亚洲竞争力研究所制定了一个全面的宜居性框架,该框架包括五个环境因素,即经济活力与竞争力、环保与可持续性、地区安全与稳定、社会文化状况以及城市治理。

　　随着全球范围内城市化的快速发展,城市已成为吸引人才、资本和商业投资的全球竞争主体。因此,城市宜居性已成为全球决策者最为关切的议题之一。尽管研究的全球视角是宜居系列的基石,但亚洲竞争力研究所也致力于区域性研究。中国城市宜居指数是亚洲竞争力研究所开展区域宜居性研究的一部分内容。

　　在亚洲竞争力研究所和上海社会科学院的共同努力下,中国城市宜居指数已更新到第二版,并得到了进一步完善。根据中国经济背景下的文化、经济和政治特点,亚洲竞争力研究所和上海社会科学院经过反复斟酌,然后对基本框架进行了调整。该指数总共包括了 100 座中国城市。

　　多位各领域专家在 2019 年亚洲经济论坛和 2019 年亚洲竞争力研究所年会上展开讨论,集思广益,使本书获益良多。在评价本项研究以及为我们往后研究提供建设性建议方面,我们感谢各位参与讨论者所做出的努力和贡献。因此,亚洲竞争力研究所要向以下参与讨论者致以最诚挚的感谢:自由撰稿人 Timothy McDonald 先生、中央财经大学财经研究院教授王卉彤博士、山东社会科学院教授王兴国博士、山东社会科学院农村发展研究所副教授刘爱梅博士、山东社会科学院经济研究所助理研究员钱进博士。

在此，我们衷心感谢下列人员的鼓励和支持：担任新加坡国立大学李光耀公共政策学院院长的 Khong Yuen Foong 教授，担任副院长的邝云峰教授，担任副院长的 Suzaina Khadir 副教授，担任副院长和副主任的 Francesco Mancini 副教授，担任副院长的 Wu Alfred Muluan 副教授，上海社会科学院党委书记于信汇教授，上海社会科学院院长张道根教授，上海社会科学院副院长干春晖教授，上海社会科学院中国学所副所长吴雪明博士，以及上海社会科学院和李光耀公共政策学院的其他同事。如果没有上海社会科学院和亚洲竞争力研究所各位同事的支持，我们绝不可能完成本书。在此，我们要特别感谢亚洲竞争力研究所内各位认真敬业的行政团队的大力支持，包括 Yap Xin Yi、Cai Jiao Tracy、Nurliyana Binte Yusoff 和 Dewi Jelina Ayu Binte Johari。

我们非常欣赏亚洲竞争力研究所和上海社会科学院工作人员之间的高度团队合作和贡献，包括 Tan Kong Yam 教授、左学金教授、雷新军副教授、韩汉君教授、邓立丽助理教授、刘社建教授、陈建华教授、肖严华副教授、于辉副教授、国锋博士、孙小雁博士、郭海生博士、李泽众博士、Kang Woojin、Tan Kway Guan、Sumedha Gupta、Doris Liew Wan Yin、Lim Tao Oei、Rex Chan Wang Ka、Chai Duwei 和 Clarice Handoko。

最后，我们郑重感谢新加坡贸易工业部对这一研究工作所提供的支持和资助。

陈企业、张续垚、毛可
新加坡国立大学李光耀公共政策学院亚洲竞争力研究所
沈开艳、王红霞
上海社会科学院经济研究所

关于作者

沈开艳，经济学博士，现任上海社会科学院经济研究所所长、研究员、博士生导师，并兼任上海市妇女学学会副会长、上海市经济学会副会长、中国南亚学会常务理事等职务。1986年毕业于南京大学经济系政治经济学专业，获学士学位；2001年毕业于上海社会科学院政治经济学专业，获博士学位。主要研究领域为社会主义政治经济学、宏观经济理论与实践、中国经济改革与发展、印度经济等。曾主持国家社科基金项目、上海市社科基金项目、上海市决策咨询项目十余项，发表经济学学术论文近百篇。代表作有《上海经济发展蓝皮书》《浦东经济发展蓝皮书》《中国期货市场运行与发展》《中国特色社会主义政治经济学》《印度经济改革20年——理论、实证与比较》《结构调整与经济发展方式转变》《印度产业政策演进与重点产业发展》《西藏经济跨越式发展的理论与政策》等。

陈企业，现任于新加坡国立大学李光耀公共政策学院，担任亚洲竞争力研究所所长、公共政策副教授、新加坡太平洋经济委员会主席。于1986年毕业于英国东英格兰大学，获得博士学位。广泛地为各政府部门、法定机构及新加坡政府关联企业提供咨询和研讨相关的政策与措施。已撰写了超过二十本书，是美国《太平洋地区金融市场和政策评论》期刊的副主编，也是英国《竞争力研究期刊》的编辑咨询委员。目前的研究领域包括世界105座城市生活成本和购买力指数、全球城市宜居指数、营商便利指数，以及中国、印度、印度尼西亚和东盟十国的次经济体竞争力分析。新加坡上市公司面包物语、宝德新加坡、腾地有限公司、联明集团有限公司以及成都农商银行的独立董事,并担任新加坡大华银行的资深企业顾问。

王红霞,研究员,上海社会科学院经济研究所人口、资源与环境经济学研究室主任,上海社会科学院"大都市空间发展战略与政策研究"创新智库首席专家,世界城市经济学会(Urban Economics Association)会员、美国人口学会(Population of Association of America)会员、中国人口学会会员、中国区域科学学会理事。2004年毕业于复旦大学获得经济学博士学位。主要研究领域为城市与区域发展、人口经济学、新空间经济学。主持和执行主持完成多项国家哲学社会科学基金重点和一般项目、上海市决策咨询项目及省部级决策咨询项目,其中,主持(和合作)完成的课题研究成果如关于喀什地区产业与就业问题研究、虹桥机场西迁、世博会城市最佳实践区方案、虹桥商务区建设、长三角区域合作协调体制机制研究、上海自贸区土地转型利用、园区转型等转化为政策落地实施。2008年以来在《中国人口科学》《社会科学》《人口研究》《上海经济研究》等CSSCI期刊发表论文多篇,部分论文获得《新华文摘》《中国人民大学报刊复印资料》全文或部分转载,研究成果多次获得部省市级优秀成果奖。

张续垚,现任新加坡国立大学李光耀公共政策学院亚洲竞争力研究所研究员。分别于2012年和2016年获得新加坡国立大学应用数学系荣誉学士学位和经济学系博士学位。读博期间,曾经担任该大学微观经济学、宏观经济学和管理经济学的助教。其研究领域为产业组织理论、博弈论和公共经济学,尤其对专利授权、技术转让和反垄断方面有深入研究。研究问题包括:"在存在腐败的情况下,政府在治理污染问题时的最优税率""合资企业技术转让的益处",以及"高通公司在中国的反垄断案"。在亚洲竞争力研究所,主要监督东盟、中国、印度和印度尼西亚竞争力研究项目,同时负责质量调整劳动生产率项目、社会福利支出与政府预算可持续性关系项目,以及山东省17座地级市城市发展指数研究。协同负责研究汇率对于中国各省份的进出口贸易的影响。正在研究如何把夏普利值应用于指数排名分析中。

这个方法将广泛应用于亚洲竞争力研究所所有指数排名的项目。同时,参与讨论了创建经济发展特区指数、基础设施建设指数和印度安得拉邦政府效率评估等项目。

毛可,现任新加坡国立大学李光耀公共政策学院亚洲竞争力研究所研究助理。以工商管理荣誉特优学位毕业于新加坡国立大学并专修于金融以及运营与供应链管理专业。在亚洲竞争力研究所担任"中国 34 个经济体年度竞争力分析"项目的负责人。深入参与了"印度安得拉邦政府实时监测系统的独立审查和效率监测"项目,为政府当局提供数据分析及见解。同时积极参与了其他的研究项目,包括"福利支出与财政可持续性的分析"和"105座城市的外籍人士和平均居民的生活成本和工资"。研究兴趣囊括金融经济学、宏观经济政策和发展经济学。

专有名词缩写表

ACI	亚洲竞争力研究所
AHC	高级巡航辅助公路系统
BOD	生化需氧量
CASS	中国社会科学院
CFC	含氯氟烃
COD	化学需氧量
CoE	许可证
CPI	消费者物价指数
EIU	经济学人信息部
ERP	电子道路收费系统
ETC	电子自动收费站
EU	欧盟
FRAND	公平合理非歧视法则
FY	财政年度
GBP	英镑
CLCI	中国城市宜居指数
GINI	基尼系数
GLCI	全球宜居城市指数
Gov. UK	英国政府
GovHK	香港特别行政区政府
GPCI	全球城市竞争力指数

GPS	全球定位系统
GRDP	地区生产总值
ICT	信息和通信技术
IPCC	联合国气候变化政府间专家委员会
ITS	智能交通系统
JR	日本铁路
NA	不可获取
OECD	经济合作与发展组织
PBCLCI	中国城市宜居指数的内涵
PM	颗粒物质
RMB	人民币
RSVI	排序后的标准化值
SASS	上海社会科学院
SCATS	悉尼自适应交通信号系统
SCOOT	行人分段偏移优化技术
SD	标准偏差
SGD	新加坡元
SVI	指标的标准值
TCE	标准煤当量
TOD	交通导向的城市发展
UK	英国
UMTA	城市公共交通法案
UN	联合国
UNESCO	联合国教科文组织
US	美国
USD	美元
VICS	车辆定位与导航系统
WHO	世界卫生组织

目　　录

图 表 索 引

第 1 章　导论

随着基础设施的建设以及公共服务的不断改善,城市吸引了越来越多的农村人口来此定居。但是,农村人口向城市快速迁移这一趋势导致城市居民过度拥挤,由此产生了诸如环境污染恶化、交通拥堵以及住房、医疗、教育和交通等公共服务的问题更加尖锐等,从而使得城市宜居性降低。在这一现实背景下,为了解决"融入、美观、控制污染、更多公园、社区保护和土地综合利用"等问题,加拿大在 20 世纪 60 年代末首次提出了宜居性这个概念。2005 年,中国的政策文件中出现了宜居性这个术语,国务院强调北京要成为中国宜居城市的先驱城市。2019 年,习近平主席强调,在城市建设中,我们始终要贯彻以人民为中心的发展理念。城市建设要确保市民安居乐业。

导论部分将讨论中国的城市化,尤其是北京、上海、广州和深圳等特大城市人口过多所带来的挑战。此外,本章还将对宜居性这个概念以及各国际组织所制定的宜居城市指数进行文献回顾。

1.1　中国的城市化及其挑战

在过去的几十年里,城市化一直是世界各国经济增长的主要驱动力。据《2018 年世界城市化展望》(联合国)预测,城市人口占比将从 2018 年的 55％增加到 2050 年的 68％,相当于全球有 25 亿城市人口。其中约 90％的增长量将来自亚洲和非洲。尤其是中国,到 2050 年将增加 2.55 亿城市人口。

城市化的快速发展使得城市的基础设施不堪重负,从而导致住房、教育、医疗等公共服务短缺。与中国其他城市相比,已经发展到较高水平的大城市,住房短缺现象更为严重。如图 1.1 所示,在 2000 年到 2018 年间,近 90％的人口居住在城市地区的北京和上海的住宅价格平均增长率比贵州和云南高出 5 个百分点左右,而贵州和云南的城市居民比例不足 50％。

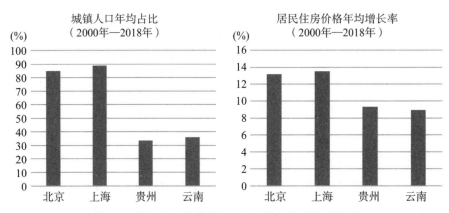

图 1.1 特定城市的城镇人口占比和住房价格增长率

资料来源:作者基于中国国家统计局的数据整理得到。

虽然人们迁入更加发达的地区这个趋势并不奇怪,但对于中国来说,这个持续性趋势可能会引发一些担忧。例如,住房短缺可能会因中国的城市居住限制而更加严重,从而进一步恶化中国的区域间流动,最终导致中国的区域不平等加剧。为了缓解这个问题,中央和地方政府都出台了一系列调控措施。2010 年 5 月,北京首次启动"住房限购令"。随后,中国大部分城市实施这种方式。限购令规定,有本地户口的家庭不得购买两套以上住房,无本地户口的家庭所购买住房数量不得超过一套。2016 年,习近平主席进一步强调,房子是用来住的,不是用来炒的。

汽车所造成的污染也是城市化进程面临的一大挑战。在"八五"规划(1991—1995 年)确定汽车工业为中国经济的支柱产业的十年后,中国已跃升为世界第四大汽车生产国;私人汽车注册数量从 1999 年的 1 453 万辆增加到 2018 年的 23 231 万辆。另一方面,发展中无法忽视的代价是有害化学品的排放。如图 1.2 所示,从 2013 年到 2016 年,与所选择的其他发达城市相比,北京、上海、广州、深圳四地空气中颗粒物(比如 PM10 是指粒径为 10 微米及以下的颗粒物)的年均浓度是其两倍多。虽然 2013 年国务院公布的《大气污染防治计划》以及 2015 年通过的新《环保法》能解释这些城市的颗粒物浓度有下降趋势,但要赶上其他发达城市的空气质量,中国还有很长的路要走。

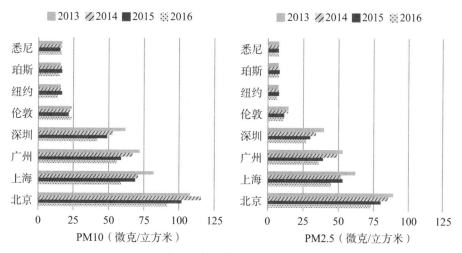

图 1.2　特定城市的空气中颗粒物的年平均浓度

资料来源:作者基于世界卫生组织全球环境空气质量数据库中的数据整理。

在中国的主要城市,尤其是传统的一线城市(北京、上海、广州、深圳),交通拥堵是汽车造成的另一个严重问题。据世界银行估计,北京在交通高峰期间的汽车在其二环到三环的主干道上的平均速度呈现持续下降的趋势,从 1994 年的 45 km/h 下降到 2005 年的 10 km/h;同北京相似,上海在高峰时段的平均车速也在 9 km/h 到 18 km/h 之间(Liu 和 Simith,2006)。缺少及时的控制无疑是中国汽车繁荣局面的根源,当 2010 年最早应对这种激增的政策控制——北京市车牌摇号制度出台时,新加坡的 COE 政策(也用于控制家庭汽车拥有量)已经实施了 20 年。然而,即使有了政策进行控制,中国的主要城市仍然要承受这种不可逆转的增长,因为发放的车牌几乎不会过期,这些城市庞大的车辆基数也将因此持续存在;现有的调控措施只抑制了汽车增长的势头,而没有降低汽车的绝对规模。

促使人们乘坐公共交通而非私家车对于解决交通问题也很重要。截至 2017 年,上海只有 33% 的居民选择乘坐公共交通。这个数字在新加坡是 44%,在香港是 88%。本书第 5 章将通过对纽约、伦敦、东京、新加坡、香港和上海进行对比分析,进一步研究交通方面的宜居性。

拥有良好的软硬基础设施并不能保证一座城市具有高宜居性。2019 年 6 月 9 日以来香港发生的暴乱,充分说明了城市治理和公共安全在决定城市宜居性方面的重要作用。根据亚洲竞争力研究所和上海社会科学院的电话调查可知,与中国其他 99 座城市相比,香港普通民众对政府服务和政府效率方面评分都较低。

本章的其余部分将讨论宜居性的概念,并介绍 ACI-SASS 的宜居指数框架。本书的大纲将在第 1.3 节中进行介绍。

1.2 文献综述

20 世纪 60 年代末,加拿大一座城市的改革党提出了宜居性的概念。其核心要素为"融入、美观、控制污染、更多公园、社区保护和土地综合利用"(Ley,1980)。自 20 世纪 70 年代以来,不同的研究采用了不同的宜居性概念,但其共同目标是"为定义城市生活质量的权力而竞争"(Ley,1990;Hastings,1999;McCann,2004;Uitermark,2005;Hankins 和 Powers 2009)。这些研究往往反映了精英群体在社会中的利益。与之相反,Friedmann(2000)、Amin(2006)和 Uitermark(2009)认为,宜居性应该满足那些被主流城市话语边缘化的人们的需求。

广义上讲,宜居性应当包括人类对于社会便利设施、健康和幸福的需要

(Newman 等人,1998;Newman,1999)。Zanella 等人(2015)进一步阐述了房屋品质、交通可达性、人类健康、经济发展、教育以及文化和休闲等反映人类幸福感的指标。他们还考虑了环境影响因素,例如固体废物和空气污染物。综上,他们的宜居指数分为八类。

　　Khoo(2012)设想要达到宜居城市需要满足三个条件。这三个条件分别是:富有竞争性的经济、可持续的环境和高质量的生活。West 和 Jones(2009)则认为,"一座城市要达到宜居的程度,就必须具备提升社会、环境、经济、文化发展水平,以及治理目标和治理结果的条件"。Vucich(1999)为城市的宜居性提供了一个操作性定义,即城市的宜居性"通常被理解为包括了那些有助于安全、经济机会和福利、健康、便利、流动性和娱乐发展的家庭、社区和都市区域元素。"

　　Liu、Zhang 和 Yu(2019)运用因子分析方法研究陕西省城市的宜居性,发现西安是最宜居的城市。其框架包括六个维度:城市经济水平、城市交通状况、城市生态环境、城市文化环境、城市居住条件和城市生活保障。

　　许多实证性研究都是基于它们各自对城市宜居性的定义,对不同地理范围的城市宜居性进行排名。美世咨询公司 2017 年的生活质量报告"旨在帮助跨国公司在安排员工执行国际任务时对员工进行公平的补偿"(Mercer,2017)。因此,美世对于生活质量的定义仅仅着眼于一个特定群体:高薪的驻外员工。美世咨询公司的研究主要基于他们的专有调查进行,调查中对 10 个类别下的 39 个指标进行了数据收集,从而产生了相应的排名结果。如表 1.1 所示,这 10 个类别包括:政治与社会环境、医疗与健康、社会文化环境、学校与教育、经济环境、公共服务与交通、娱乐、消费品、住房以及自然环境。

　　经济学人智库(The Economist Intelligence Unit, EIU)的 2017 年全球宜居指数类似于"衡量发展水平",设立该指数是为了"将辛劳津贴列入外派人员安置计划中"(经济学人智库,2017)。这个指数是根据稳定性、医疗保健、文化与环境、教育和基础设施这五个类别下的 30 项指标计算得出的。

但是,在经济学人智库指数的 30 个指标中,有 26 个被标为"EIU 评级"或"EIU 现场评级"的主观指标。也就是说,该指数的准确性取决于 EIU 在各座城市指定的分析师所提供的主观意见。

Monocle 杂志的最宜居城市指数是为其读者量身定做的,这些读者富有,有能力选择想居住的城市,并且热衷于文化、时尚和设计(Monocle 杂志 2017)。与 EIU 的研究类似,Monocle 杂志的指数也涉及相当多的主观判断,因为其中的大多数指标都是基于专家意见制定的。Monocle 杂志的这个指数来自 11 个指标,这些指标包括:安全/犯罪、医疗保健、气候/光照、国际互联互通性、公共交通、建筑质量、环境问题与接近大自然的程度、城市规划、商业条件、积极主动的政策制定和包容度。

日本森纪念财团(MMF)的城市战略研究所发布了全球城市实力指数(GPCI)。GPCI 对全球 44 座主要城市进行了评估,并根据各座城市的"吸引力"对它们进行了排名。他们将"吸引力"定义为:城市"吸引全球人口、资本和企业的综合能力"(城市战略研究所,2018)。类似的,AT-Kearney 每年发布全球城市指数,旨在对城市吸引人力资本、外国投资和跨国公司的能力进行排名。

中国社会科学院进行的 2017 年中国城市宜居性排名项目,是中国社会科学院关于中国城市竞争力研究的一部分。这项研究中关于宜居性概念的定义范围很狭窄(仅涵盖几个因素如人力资本发展、社会环境、自然环境、居住条件和基础设施等。诸如经济发展、社会稳定性、政府工作效率等其他比较重要的方面却未包含其中。另一方面,上海社会科学院也发表了两项研究成果:一项是关于"全球城市信息化"的,另一项研究成果是电子商务能力处理指数。前一个指数衡量了包括发展中国家和发达国家在内的 20 座全球主要城市将信息系统整合到城市和网民中的程度。后一项指数衡量了 69 个国家的中小企业是如何适应数字化时代的。

表 1.1　　　　　　　　　　宜居性研究和指数的文献综述

	美世咨询公司的生活质量调查	经济学人信息部的全球宜居指数	Monocle 杂志的最宜居城市指数	中国社会科学院的中国宜居城市竞争力报告
	10 个类别，39 项指标	5 个类别，30 项指标	11 项指标	13 项指标
类别／指标	1. 政治与社会环境 2. 医疗与健康 3. 社会文化环境 4. 学校与教育 5. 经济环境 6. 公共服务与交通 7. 娱乐 8. 消费品 9. 住房 10. 自然环境	1. 稳定性 2. 医疗保健 3. 文化与环境 4. 教育 5. 基础设施	1. 安全/犯罪 2. 医疗保健 3. 气候/光照 4. 国际互联互通性 5. 公共交通 6. 建筑质量 7. 环境问题与接近大自然的程度 8. 城市规划 9. 商业条件 10. 积极主动的政策制定 11. 包容度	1. 人均预期寿命 2. 大专以上人口比例 3. 每万人拥有医生数 4. 千人小学数 5. 每万人刑事案件数 6. 空气质量 7. 温度 8. 绿化覆盖率 9. 房价收入比 10. 每万人餐饮购物场所数量 11. 人均道路面积 12. 排水管道密度 13. 用水普及率

	日本森纪念财团的全球电力城市指数	AT-Kearney 的全球城市指数	上海社会科学院的全球城市信息化指数	上海社会科学院的电子商务处理能力指数
	6 个类别，70 项指标	5 个类别，27 项指标	3 个类别，14 项指标	4 个类别，11 项指标
类别／指标	1. 经济 2. 研究和发展 3. 文化交流 4. 宜居性 5. 环境 6. 交通	1. 商业活动 2. 人力资本 3. 信息交互 4. 文化 5. 政治参与	1. 智能设备 2. 智慧经济 3. 智能管理	1. 网络连接 2. 电子商务市场 3. 电子商务生态系统 4. 监管能力

资料来源：亚洲竞争力研究所和上海社会科学院。

1.3 本书大纲

本书呈现的中国城市宜居指数,基于 120 个指标对中国的 100 座城市进行了排名,其中包括香港、澳门和台湾的城市。在这 120 项指标中,有 90 项硬数据指标,有 30 项调查数据指标。其中所使用的硬数据是指从公开数据来源中收集到的 2016 年的数据。而调查数据是通过 2019 年 7 月至 10 月,对研究中所包含的所有 100 座中国城市的随机电话调查收集到的。在调查过程中,每座城市都收集到了超过 300 份的成功回复,整个项目共计收到 31 502 份答复。

正如在上一版"中国 100 座城市宜居指数"所讨论的那样,我们均认为仅使用一个数字就概括一座城市的各个层面,会存在许多问题。但从另一方面来讲,使用一个数字来描述一座城市的宜居性所带来的简单性和清晰性信息,可以向决策者发出明确的信号,特别是在城市管理者需要采取行动解决该城市的宜居问题的时候。除此之外,在 CLCI 框架下对五个类别的衡量,使得决策者能够进行跨城市的比较,从而确定哪一方面才是本城市最迫切需要改善的宜居问题。同时,"What-if"模拟分析能够揭示每座城市改善宜居条件的潜力。

本书的其余部分将作如下安排:第 2 章对研究方法进行了介绍,其中包括:对 CLCI 框架的详细描述、研究中选择这 100 座城市的标准以及计算排名的方法。第 3 章对城市总体宜居性排名的实证结果、所衡量的五个类别的内容,以及对"What-if"模拟分析的结果进行了介绍。第 4 章有两节。4.1 节进一步研究了中国城市的地区安全和基础设施发展,4.2 节对 2015 年和 2019 年的调查结果进行了比较。第 5 章是一个从基础设施和交通方面考察城市宜居性的案例研究。第 6 章从普通城市居民的角度对综合宜居城市的建设进行总结评论。

参考文献

Amin, Ash. 2006. "The Good City." *Urban Studies* (SAGE Publications) 43: 1009 – 1023. doi: 10. 1080/00420980600676717.

Friedmann, John. 2000. "The Good City: In Defense of Utopian Thinking." *International Journal of Urban and Regional Research* (Wiley) 24: 460 – 472. doi: 10. 1111/1468-2427. 00258.

Hankins, Katherine B. , and Emily M. Powers. 2009. "The Disappearance of the State from Livable Urban Spaces." *Antipode* (Wiley) 41: 845 – 866. doi: 10. 1111/j. 1467-8330. 2009. 00699. x.

Hastings, Annette. 1999. "Discourse and Urban Change: Introduction to the Special Issue." *Urban Studies* (SAGE Publications) 36: 7 – 12. doi: 10. 1080/0042098993691.

Institute for Urban Strategies. 2018. "Global Power City Index 2018." Tech. rep. , Institute for Urban Strategies. http://mori-m-foundation. or. jp/pdf/GPCI2018_ summary. pdf.

Khoo, Teng Chye. 2012. "The CLC Framework for Liveable and Sustainable Cities." *Urban Solutions*.

Ley, David. 1980. "Liberal Ideology and the Postindustrial City." *Annals of the Association of American Geographers* (Informa UK Limited) 70: 238 – 258. doi: 10. 1111/j. 1467-8306. 1980. tb01310. x.

Ley, David. 1990. "Urban Liveability in Context." *Urban Geography* (Informa UK Limited) 11: 31 – 35. doi: 10. 2747/0272-3638. 11. 1. 31.

Liu, Dengfeng, Chen Zhang, and Haixin Yu. 2019. "Comprehensive Evaluation of Urban Livability." *Journal of Physics: Conference Series* (IOP Publishing) 1345: 032051. doi: 10. 1088/1742-6596/1345/3/032051.

Liu, Zhi, and Graham Smith. 2006. "China: Building Institutions for Sustainable Urban Transport (English)." Tech. rep. , World Bank, Washington, DC. http://documents. worldbank. org/curated/en/142241468025158879/China-

Building-institutions-for-sustainable-urban-transport.

McCann, Eugene J. 2004. "'Best Places': Interurban Competition, Quality of Life and Popular Media Discourse." *Urban Studies* (SAGE Publications) 41: 1909 – 1929. doi: 10.1080/0042098042000256314.

Mercer(美世公司). 2017. "Quality of Living Reports." Tech. rep., Mercer. https://www.imercer.com/products/quality-of-living.aspx.

Monocle Magazine. 2017. "Where to Live Well." *Monocle* 11: 46 – 69.

Newman, Peter W. G. 1999. "Sustainability and Cities: Extending the Metabolism Model." *Landscape and Urban Planning* (Elsevier BV) 44: 219 – 226. doi: 10.1016/s0169-2046(99)00009-2.

Newton, Peter, Joe Flood, Mike Berry, Kuldeep Bhatia, Steve Brown, André Cabelli, Jeanette Gomboso, John Higgins, Tony Richardson, and Veronica Ritchie. 1998. "Environmental Indicators for National State of the Environment Reporting-Human Settlements, Australia: State of the Environment (Environmental Indicator Reports)." Tech. rep., Australian Department of the Environment, Canberra. https://www.environment.gov.au/system/files/pages/592d75b7-2981-40e7-a74b-5bda6a6c5c81/files/settlements.pdf.

The Economist Intelligence Unit(经济学人信息部). 2014. "A Summary of the Liveability Ranking and Overview August 2014." Tech. rep. http://www.eiu.com/Handlers/WhitepaperHandler.ashx? fi = Liveability-rankings-Promotional-August-2014.pdf&mode=wp&campaignid=Liveability2014.

Uitermark, Justus. 2009. "An in Memoriam for the Just City of Amsterdam." *City* (Informa UK Limited) 13: 347 – 361. doi: 10.1080/13604810902982813.

Uitermark, Justus. 2005. "The Genesis and Evolution of Urban Policy: A Confrontation of Regulationist and Governmentality Approaches." *Political Geography* (Elsevier BV) 24: 137 – 163. doi: 10.1016/j.polgeo.2004.07.009.

Vuchic, Vukan R. 1999. *Transportation for Livable Cities*. Taylor & Francis Inc.

West, Sue, and Cait Jones. 2009. "The Contribution of Public Land to Melbourne's Liveability." Tech. rep., McCaughey Centre, University of Melbourne. http://

www. deakin. edu. au/__data/assets/pdf_file/0017/310751/liveability_lowres. pdf.

Zanella，A. ，A. S. Camanho，and T. G. Dias. 2014. "The Assessment of Cities'
　Livability Integrating Human Wellbeing and Environmental Impact. " *Annals of
　Operations Research* （Springer Science and Business Media Llc）226：695 – 726.
　doi：10. 1007/s10479-014-1666-7.

第 2 章　研究方法

本章将进一步说明城市宜居性框架构建过程中运用的理论和实证方法。首先,将介绍城市宜居性概念框架,包括其包含的类别和子类别。之后,将介绍该研究在技术层面的方法论,包括指标含义、数据来源和计算排名的算法,并着重于在 2019 年的宜居城市指数中运用的夏普利加权法。

2.1　城市宜居性概念框架

中国城市宜居指数是建立在陈企业等人(2012)的城市宜居框架基础上,该框架名为"全球城市宜居指数"。该框架由陈企业、胡永泰等人(Tan、Woo 和 Aw, 2014)以及陈企业、胡永泰和 Boon Seng Tan(Tan、Woo 和 Tan, 2014)进一步发展和诠释。此外,陈企业等人在 2019 年基于智慧城市的理念将此框架进一步拓展。

宜居城市研究中的全球视角固然重要,但亚洲竞争力研究所也致力于区域研究。基于五大发展理念的城市宜居指数也在评价山东省的 17 座城市的宜居性方面发挥了重要作用(Tan 等,2018)。中国城市宜居指数是在上述研究的基础上,聚焦在中国城市的另一项重大研究。从该项研究开始,Tan、Nie 和 Baek(2017)等人引入新的理念,即如实反映中国城市的宜居性不仅需要硬数据,还需要加入普通居民的观点。

之后,在亚洲竞争力研究所和上海社会科学院的共同努力下,中国城市宜居指数的含义进一步被界定明确。在快速城市化的背景下,新的定义方式承载着亚洲竞争力研究所和上海社会科学院对于中国经济背景下对于城市宜居性的评价标准,例如文化、经济、政治等因素。

　　如表 2.1 所示,在亚洲竞争力研究所和上海社会科学院的 CLCI 框架中,宜居性包含五个维度大类:(1)经济活力与竞争力、(2)环保与可持续性、(3)地区安全与稳定、(4)社会文化状况和(5)城市治理。

表 2.1　　　　　　　　　　　　中国城市宜居指数

指标大类	指标子类别
经济活力与竞争力	● 经济绩效 ● 经济开放 ● 基础设施
环保与可持续性	● 污染 ● 自然资源消耗 ● 环保措施
地区安全与稳定	● 犯罪率 ● 公共安全 ● 社会治安
社会文化状况	● 医疗卫生保健 ● 教育 ● 住房和生活环境 ● 收入平等和人口结构负担 ● 多样性和社会凝聚力
城市治理	● 政府效能 ● 政府系统 ● 透明度和问责制 ● 腐败情况

　　资料来源:亚洲竞争力研究所和上海社会科学院。

2.2　构造城市宜居性框架

　　延续对于宜居性框架概念的界定,此部分构建城市宜居性框架的五大维度。这五大维度构成了中国城市宜居指数的五大"类别",每个类别可继续细分为"子类别",子类别包含各指标项。这些类别、子类别与 2015 年版本中的宜居指数比较相近。但是,2019 年的版本中包含两大改进。在 2019年的宜居性指数中,"政治管理"改为"城市治理",并且在子类别中,"政策制定和实施"替换为"政府效能"。

表 2.2 为宜居性框架下的类别和子类别,与其相关联的指标将在 2.3 中详细介绍。

表 2.2 宜居性框架下的类别和子类别

(1) 经济活力 与竞争力	(2) 环保与 可持续性	(3) 地区安全 与稳定	(4) 社会文化 状况	(5) 城市治理
1. 经济绩效 2. 经济开放 3. 基础设施	1. 污染 2. 自然资源 消耗 3. 环保措施	1. 犯罪率 2. 公共安全 3. 社会治安	1. 医疗卫生 保健 2. 教育 3. 住房和生活 环境 4. 收入平等和 人口结构 负担 5. 多样性和社 会凝聚力	1. 政府效能 2. 政府系统 3. 透明度和问 责制 4. 腐败情况

资料来源:亚洲竞争力研究所和上海社会科学院。

2.2.1 经济活力与竞争力

我们将这个维度定义为宏观经济效率,从可增长、可持续繁荣、可为企业创造价值、具有经济自由且与世界经济相互联系等方面衡量(McNulty、Jacobson 和 Penne,1984)。从以下三个子类别来对一座城市的经济活力和可持续性进行全面评估,即(1)经济绩效、(2)经济开放和(3)基础设施。

2.2.1.1 经济绩效

评估城市的经济绩效是非常必要的,因为它决定了就业机会和收入的增长,以此给城市居民的公共服务提供经济帮助。

2.2.1.2 经济开放

经济开放度量提供了一座城市关于资本和贸易政策的宝贵信息,这些政策对该城市吸引那些可推动经济繁荣的人才、资本和高净值个人和企业的能力产生了深远影响。世界银行的数据表明,贸易壁垒每年降低 5%,随之而来的是,发展中国家的收入增长加快三倍(经济合作与发展组织等,2010)。

2.2.1.3　基础设施

对于任何受欢迎的城市来说,可靠和充分的基础设施都不可或缺,因为它们构成了经济活动的基础(世界银行,2007)。不可否认的是,信息和通信技术这类基础设施在城市居民生活中发挥着越来越重要的作用。我们意识到,基础设施的子类别既包括信息和通信技术,也包括实体基础设施。

2.2.2　环保与可持续性

如今,城市面临着协调环境保护与城市规划的挑战。对许多城市来说,经济发展往往以牺牲环境为代价,这种情况强调了在这两个目标之间应取得平衡的迫切需要。因此,为了表明环保与可持续性的程度,宜居城市框架应包括以下三个分类别,即(1)污染、(2)自然资源消耗,以及(3)环保措施。

2.2.2.1　污染

工业活动、运输和资源管理不善所造成的自然环境污染既会产生直接影响,也会产生长期影响。世界银行 2016 年的一份报告表明,在 2013 年,仅空气污染就造成了超过 5 万亿美元的福利损失(世界银行,2016)。因此,我们必须将资源和废物管理作为城市生活环境质量的指标进行研究。

2.2.2.2　自然资源消耗

城市自然资源的消耗包括生物多样性、森林覆盖率以及化石燃料等不可再生资源的损失。如果在城市发展战略中表现出可持续资源管理,尤其是对于水和能源供应等重要的有限资源的管理,那么城市就能够吸引潜在的投资(Batool，2008)。

2.2.2.3 环保措施

自然资源污染和枯竭的严重后果,证明了我们有必要进行资源部署,从而确保城市的生态可持续性。决策者所制定的绿色投资政策以及与国际环保机构的合作安排数量,表明了我们对可持续实践和进展所作出的承诺。

2.2.3 地区安全与稳定

这个类别中,是评估一座城市和平与秩序的一系列因素,包括社会和政治稳定以及防止恐怖主义的保障措施。三个子类别是:(1)犯罪率、(2)公共安全,以及(3)社会治安。

2.2.3.1 犯罪率

犯罪率衡量的是一座城市的犯罪发生频率,同时评价和表彰了那些为了营造更为安全的社区环境投资于发展有效安全力量和政策的城市。

2.2.3.2 公共安全

如果居民生活在具有恐怖主义历史的城市之中,那么他们可能会担心且面临经济日常运作中断等情况。自然灾害和各种事故的发生也可能扰乱城市居民的日常生活,包括其安全感。

2.2.3.3 社会治安

任何形式的社会治安问题不仅会威胁到一座城市的经济活动,而且会降低城市内部的和谐与稳定,从而对城市宜居性产生负面影响。

2.2.4 社会文化状况

这个类别包含了广泛的社会和公共服务相关事项,通过以下子类别来体现：(1)医疗卫生保健、(2)教育、(3)住房和生活环境、(4)收入平等和人口结构负担，以及(5)多样性和社区凝聚力。

2.2.4.1　医疗卫生保健

具有高度宜居性的城市应向城市居民提供基本的卫生保健服务，并根据个人的支付能力来进行费用分配(世界卫生组织，2000)。此外，一个良好的卫生保健系统还应确保城市有能力在短时间内控制任何重大疾病的爆发。

2.2.4.2　教育

教育对人的发展很重要，因为教育既可以培养其基本技能，比如识字和说话，也可以培养高级技能，比如技术知识。这些投资促进了人自身资本的发展，从而获得更高的工资，使城市经济受益。但不幸的是，联合国教科文组织(UNESCO)发现，截至 2016 年，世界上仍有 7.5 亿成年人是文盲(UNESCO 统计研究所，2017)。由于缺乏足够且优质的教育，从而使城市失去了潜在的发展空间。因此，城市必须强调教育是提高人民生活质量的手段，并将其作为主要发展目标之一。

2.2.4.3　住房和生活环境

良好的住房、充分的卫生条件和有效率的交通是城市规划的基石。由于城市化进程不断加快，我们预计未来城市密度将大幅增加，因此对于城市规划者来说，关于城市空间的安排将成为越来越重要的考虑因素。其他重要的考虑因素包括住房负担能力、交通拥堵、生活空间的充足性和质量。

2.2.4.4　收入平等和人口结构负担

收入不平等会产生不确定感以及对异化的恐惧(Keeley，2015)。这种贫富分化将相应地转化为生活质量上的巨大差异。除了不平等之外，诸如人口老龄化等人口问题也对社会造成极大的影响。预计到 2035 年,全球 65 岁及以上的人口数量将达到 11 亿(经济学人,2014)。这些趋势给城市带来了重大隐患,城市必须确保自主保持社会包容性和经济可行性。

2.2.4.5 多样性和社会凝聚力

人口多样性不仅能够促进知识共享,还能给城市带来活力,因为拥有不同文化和身份的人员之间的互动能促进相互理解。这些意味着一个重视人类不同观点和生活方式的和谐、强大社会。

2.2.5 城市治理

世界银行的"全球治理指标"通过治理的六个关键维度,衡量了不同国家的治理质量:话语权和问责制、政治稳定和没有暴力/恐怖主义、政府效能、监管质量、法治以及腐败控制情况(Kaufmann、Kraay 和 Mastruzzi,2010)。虽然 CLCI 的全面性比不上世界治理指标,但它更注重政府效能,不太强调政府在领导力、创新、政策制定和执行等方面的作用。因此,CLCI 框架从四个方面来衡量城市治理,包括:(1)政府效能、(2)政府系统、(3)透明度和问责制,以及(4)腐败情况。

2.2.5.1 政府效能

这个子类别侧重于公共行政的质量,其中包括公共服务的效率、政府的财政可持续性以及公众对政府能力的看法。公共机构的质量及其财政实力是任何城市治理有效性的核心。对于政策的执行来说,这些因素也至关重要。

2.2.5.2 政府系统

一个高效的政府系统是一个可促进公众参与的系统。与政府系统质量有关的指标包括公正、平等的程度(比如司法机构的有效性)以及民主程度。

2.2.5.3　透明度和问责制

透明度和问责制能够促使领导人谨慎行事,因为他们将对任何违法行为负责。为了提高居民的信赖程度和信任,建立适当的监管和制度作为制衡,是至关重要的。加强问责制很重要,因为它能激发民众的信心,同时能确保当权者的行为符合人民的利益。

2.2.5.4　腐败情况

正如 2014 年的国际清廉指数报告(透明国际,2014)所述,贿赂和暗箱交易这种形式的腐败剥夺了最弱势群体的必要资源,破坏了司法公正,危害了经济发展,并削弱了公众对政府及其领导人的信心。这些不良后果破坏了城市的宜居性,因为它们破坏了人民对其管理公共机构的基本信任。

2.3　关于指标的选择:理想与现实

作为构建体系进行城市量化排名的第一步,根据理论上最能代表城市宜居条件的指标,我们确定了一份理想指标清单。在每种类别及其子类别中所提出的理想指标,反映了本研究试图将已界定的宜居概念转化为适当的量化标准,从而对全球城市进行排名。但是,由于成本和可用数据等方面的限制,我们将大量的理想指标清单简化为一组实际指标,在保留原有理论探究本质的同时,以最可行的方式来获取数据。尽管如此,相关指标的选择仍在不断评估中,且指标的构成也将根据不断变化的条件、新趋势以及获取数据的限制而发生变化。

2019 年的 CLCI 框架确定了 146 个理想指标,这些指标分布在指数的 5 个大类别和 18 个子类别之中。其中经济活力与竞争力指标 32 个、环保与可持续性指标 32 个、地区安全与稳定指标 20 个、社会文化状况指标 40 个,以及城市治理指标 22 个。表 2.3 至 2.7 列出了这些理想的指标,并简要说明了每个指标所反映的内容以及对宜居指数的作用。在这些表格中,我们更明确地对指标进行了界定。

表 2.3   经济活力与竞争力的理想指标

1	经济活力与竞争力的理想指标(32 个)	
1.1	**经济绩效**	
1.1.01	地区生产总值(GRDP)	一个地区的经济总产出
1.1.02	地区生产总值实际增长率	经济的增长
1.1.03	每小时劳动生产率	每工时劳动产出
1.1.04	家庭消费支出	家庭用于商品和服务的消费
1.1.05	失业率	失业人口占劳动力的百分比
1.1.06	经济回弹性	一座城市从经济动荡中恢复过来的能力
1.1.07	固定资本形成总额	城市新旧固定资产净值
1.1.08	消费物价指数(CPI)增长率	通货膨胀率
1.1.09	债务与国民总收入总值比率	相对于国民总收入的债务水平
1.1.10	电子商务发展指数	电子商务的发展情况
1.2	**经济开放**	
1.2.01	外商直接投资	外国投资流入水平
1.2.02	贸易额占地区生产总值比例	贸易商品相对于地区生产总值的数量
1.2.03	企业国有程度	政府拥有企业的水平
1.2.04	贸易壁垒的普遍度	进口商品在国内市场竞争的能力
1.2.05	贸易禁运数量	一座城市不愿与之发生贸易往来的外国国家数量
1.2.06	自由贸易协定数量	与外国开展免关税贸易的协定数量
1.2.07	经商便利程度	设立一个新企业所需官僚程序的水平
1.2.08	外资企业普遍度	外资企业集中度
1.2.09	旅游收入	游客消费情况
1.2.10	经济自由度	经济自由度
1.2.11	酒店入住率	酒店房间使用率
1.2.12	国际入境游客人数	国际游客入境人数
1.3	**基础设施**	
1.3.01	电话线(固定和移动电话)	城市内通信能力
1.3.02	电脑拥有率	拥有 1 台电脑的人数
1.3.03	互联网接入水平	可接上网的人口数量
1.3.04	道路长度	道路数量是否充足
1.3.05	高速公路客运	高速公路运输能力
1.3.06	铁路客运	铁路运输能力
1.3.07	水路客运	水路运输能力
1.3.08	航空客运	航空运输能力
1.3.09	享有清洁饮用水源的人口	可获得饮用水/自来水的人口比例
1.3.10	天然气覆盖率	液态石油气的覆盖率

资料来源: 亚洲竞争力研究所和上海社会科学院。

表 2.4　　　　　　　　　环保与可持续性的理想指标

2	环保与可持续性的理想指标（32 个）	
2.1	**污染**	
2.1.01	温室气体排放量	有害气体如温室气体的排放量
2.1.02	二氧化硫排放量	有害气体如二氧化硫的排放量
2.1.03	二氧化碳排放量	有害气体如二氧化碳的排放量
2.1.04	一氧化氮排放量	有害气体如一氧化氮的排放量
2.1.05	氯氟烃排放量	有害气体如氯氟烃的排放量
2.1.06	生化需氧量（BOD）	水体有机污染的程度
2.1.07	自然环境质量	环境健康程度
2.1.08	排放至水源的工业废物	所有类型的工业废物排放至水资源中的情况
2.1.09	填埋的工业废物	所有类型的工业废物填埋进土壤中的情况
2.1.10	水污染	排放至环境的水污染量
2.1.11	再循环率	回收再利用率
2.2	**自然资源消耗**	
2.2.01	森林砍伐率	森林面积减少率
2.2.02	可再生能源发电量	以不造成自然资源损耗方式的发电
2.2.03	石油消耗量	商用和家用的石油消耗量
2.2.04	生态足迹	人类对地球生态系统的需求
2.2.05	濒危物种	接近绝种的物种数量
2.2.06	未计量用水	已生产但未经消费者使用的漏损水量
2.3	**环保措施**	
2.3.01	在选定国际环境协议中的参与度	一座城市环境保护的国际参与度
2.3.02	环境条例的严格度	保护环境规章制度的控制水平
2.3.03	动植物物种保护的拨款	一座城市在环境保护方面愿意投入的资金量
2.3.04	可再生能源研发资金	一座城市在减少自然资源消耗方面愿意投入的资金量
2.3.05	重新造林率	重新植树造林的速率
2.3.06	环境类非政府组织的数量	一座城市环境保护工作的集中度
2.3.07	陆地保护区	受政府保护的陆地面积
2.3.08	海洋保护区	受政府保护的海洋面积
2.3.09	环境规章制度执行度	国内环境规章制度的执行度
2.3.10	废物管理	国内的废物管理工作

2.3.11	生物多样性保护	生物多样性保护的效率
2.3.12	公共基础设施中节能产品数量	一座城市节能路灯和节能交通基础设施的数量
2.3.13	绿色/可持续建筑数量	一座城市绿色建筑的数量
2.3.14	特定国际环境协定的参与	一个城市在保护环境方面的国际参与程度
2.3.15	环境法规的严格性	保护环境方面规章制度的执行水平

资料来源：亚洲竞争力研究所和上海社会科学院。

表 2.5　　　　　　　　　地区安全与稳定的理想指标

3	地区安全与稳定的理想指标（20 个）	
3.1	**犯罪率**	
3.1.01	盗窃案件数量	与盗窃相关的犯罪率
3.1.02	凶杀案件数量	与凶杀案相关的犯罪率
3.1.03	诈骗案件数量	与诈骗案相关的犯罪率
3.1.04	毒品案件数量	非法毒品活动
3.1.05	犯罪和暴力的商业成本	犯罪造成的经济损失
3.1.06	警务服务的可靠性	警察部队的效能
3.2	**盗窃案件数量**	
3.2.01	直接的军事威胁	一个国家被外国攻击的可能性
3.2.02	易受其他国家的社会政治不稳的影响	一座城市因其他国家社会政策紧张局势而产生的潜在负面影响
3.2.03	易受其他国家政府政策变化的影响	一座城市因其他国家政治动荡而产生的潜在负面影响
3.2.04	恐怖主义的商业成本	由于恐怖主义而造成的经济损失
3.2.05	恐怖主义威胁	一座城市遭受恐怖袭击的可能性
3.2.06	恐怖袭击的死亡人数	因恐怖袭击造成的死亡人数
3.2.07	自然灾害死亡人数	因自然灾害造成的死亡人数
3.3	**社会治安**	
3.3.01	颠覆性政治转型的风险	因政治领袖更替造成的潜在政治动荡
3.3.02	政治暴力的严重程度	政治暴力的强度
3.3.03	民族、宗教和地区冲突	不同宗教、民族和地区群体的冲突
3.3.04	种族暴乱数量	不同种族间的冲突

3.3.05	罢工/劳工运动数量	劳工不满意度
3.3.06	暴力型社会冲突	国内冲突
3.3.07	政府用于地区安全的支出	政府在控制风险因素方面所付出的努力是否充分

资料来源：亚洲竞争力研究所和上海社会科学院。

表 2.6　　　　　　　　　　　社会文化状况的理想指标

4	社会文化状况的理想指标(40 个)	
4.1	**医疗卫生保健**	
4.1.01	婴儿死亡率	每千名婴儿出生后死亡人数
4.1.02	预期寿命	居民整体生活质量和同年出生人群的平均寿命
4.1.03	政府医疗支出	政府在医疗方面开支总额除以人口总数
4.1.04	可使用基本医疗保健设施的人数	人口获得基本医疗保健服务的情况
4.1.05	医院病床密度	医院病床数量
4.1.06	医生密度	医生数量
4.1.07	使用较好卫生设施的人口百分比	可使用基本污水处理基础设施的人口百分比
4.1.08	家庭医疗支出	家庭的平均医疗支出
4.2	**教育**	
4.2.01	教育系统质量	现有教育的广泛性和水准
4.2.02	成人识字率	15 岁以上能读写的成人人口比例
4.2.03	高等教育入学率	每年被理工学院、普通学院和综合性大学录取的人数
4.2.04	政府教育支出	政府为提高教育机会和改善教育体系质量投入的资金
4.2.05	高等教育完成率	接受高等教育的人口比例
4.2.06	家庭教育支出	家庭的平均教育开支
4.2.07	中学入学率	每年考入初中、高中的人数
4.3	**住房和生活环境**	
4.3.01	政府在住房和社区设施的开支	政府用于改善住房质量投入的资金
4.3.02	住贫民区的城市人口比例	生活在城市贫民区的人口比例

4.3.03	地面交通网络质量	地面交通网络(公交车、火车、出租车等)是否便捷,是否有交通设施将大量游客运送至重点商业中心和旅游景点
4.3.04	住房负担能力	与收入所得相比较的居住成本
4.3.05	出租车数量	出租车可用性
4.3.06	公交车服务覆盖率	公交车的可达区域
4.3.07	客运火车和地铁质量	客运火车和地铁的网络密度和服务水平
4.3.08	道路质量	道路系统发展水平
4.3.09	道路基础设施质量	道路交通系统的稳定性、可靠性和密度
4.3.10	电力供应质量	电力供应稳定性
4.3.11	汽车拥有量	每户家庭拥有汽车数量
4.3.12	混合动力汽车拥有量	每户家庭拥有混合动力汽车的数量
4.4	**收入平等和人口结构负担**	
4.4.01	基尼系数	收入不平等水平
4.4.02	每年工作小时数	工作时长
4.4.03	人类贫困指数	贫困状况
4.4.04	少儿抚养比	15岁以下人口与劳动人口的比例
4.4.05	老年抚养比	65岁以上人口与劳动人口的比例
4.5	**多样性和社会凝聚力**	
4.5.01	外国人和移民百分比	移民集中度
4.5.02	宗教数量	宗教多样性
4.5.03	种族数量	种族多样性
4.5.04	语种数量	有大量居民使用的语言多样性
4.5.05	对待外国游客态度	当地对外国游客的接受水平
4.5.06	社区凝聚力指数	社会中不同人群的凝聚力
4.5.07	宗教和种族包容度	社区对不同宗教和种族的接受水平
4.5.08	一体化政策	推动外国人与当地人民和谐相处与凝聚的政策效能

资料来源:亚洲竞争力研究所和上海社会科学院。

表 2.7　　　　　　　　城市治理的理想指标

5	城市治理的理想指标(22个)	
5.1	**政府效能**	
5.1.01	公共政策接受度	居民是否赞同并愿意遵守政府制定的政策的调查

5.1.02	公共管理质量	公共管理服务有效性
5.1.03	政府效能	政府政策的成功情况
5.1.04	政府消费开支	政府用于购买商品和服务的开支水平
5.1.05	税收总收入占政府收入的比例	市政府财政可持续性
5.1.06	监管质量	政府制定和实施健全的政策和规章，允许和推动私营行业发展的能力
5.2	**政府系统**	
5.2.01	选举过程与多元化	为居民利益支持现代民主
5.2.02	政府运作	政府绩效综合评估
5.2.03	政治参与度	在一个社会中人群整体参与政治的大致程度
5.2.04	司法体系效能	法院执行法律和维护公平的绩效水平
5.2.05	税收机构效能	税收管理机关征收税款的能力
5.2.06	电子政务质量	根据对政府官方网站审查，评估电子政务质量
5.2.07	政治稳定性	政府被违宪手段或国内暴动/恐怖主义等暴力手段推翻或造成政府不稳的可能性
5.2.08	法制	政府机构对社会规则的信心水平，以及遵守社会规则的水平，特别是合同执行质量、产权保护水平、警队和法院素质、犯罪和暴力可能性
5.2.09	少数民族代表度	立法机构中少数民族参与度
5.2.10	公务员年平均工资	政府工作人员收入情况
5.3	**透明度和问责制**	
5.3.01	公开行动的透明度	公众获得政府规划和议程信息的程度
5.3.02	经济政策透明度	经济规划和战略公开程度
5.3.03	话语权和责任心	公民参与并监督政府行动的程度
5.3.04	新闻自由度	政府对媒体评议和舆论的开放程度
5.4	**腐败情况**	
5.4.01	腐败控制	政府实行措施遏制腐败的水平
5.4.02	贪污感知指数	社会对政府官员和政治人物是否存在腐败情况的感知程度

资料来源：亚洲竞争力研究所和上海社会科学院。

从理想指标清单中，2019 年的 CLCI 框架确定了 120 个实际指标，这些指标分布在指数中的 5 个大类别和 18 个子类别之中。其中,经济活力与竞争力指标 31 个、环保与可持续性指标 22 个、地区安全与稳定指标 8 个、社会文化状况指标 46 个、社会治理指标 13 个。

由于各城市在规模和人口等方面存在差异,因此,我们必须对理想指标进行一些调整,从而确保其可比性。例如,大城市的经济业绩总值,比如地区生产总值(GRDP),与小城市的经济业绩总值不同,从而导致比较结果不准确。因此,在这种情况下,我们引入人口这个变量,以获得人均值。其他此类调整包括人均 GRDP 计算结果和比率。表 2.8 至 2.12 列出了我们所使用的 120 个实际指标,重点是包含了定义的新指标。

表 2.8 　　　　　　　　　　**经济活力与竞争力的实际指标**

1	经济活力与竞争力的实际指标(31 个)	单位
1.1	**经济绩效**	
1.1.01	人均地区生产总值	元
1.1.02	地区生产总值实际增长率	百分比
1.1.03	第三产业占地区生产总值百分比	百分比
1.1.04	通货膨胀率(城市居民消费价格指数)	百分比
1.1.05	固定资产投资占地区生产总值百分比	百分比
1.1.06	城镇单位就业人员年平均工资	元
1.1.07	城镇失业率	百分比
1.1.08	经济发展满意度(调查)	评分
1.1.09	人均可支配收入	元
1.1.10	第二产业占地区生产总值百分比	百分比
1.1.11	电子商务发展指数	指数
1.1.12	交通运输、仓储和邮政业人数	人数
1.2	**经济开放**	
1.2.01	实际使用外资金额占地区生产总值百分比	百分比
1.2.02	货物进出口总额占地区生产总值比例	百分比
1.2.03	人均外国入境旅游人次	人次
1.2.04	人均国际旅游外汇收入	美元
1.2.05	每万人星级酒店数量	个
1.2.06	酒店房间入住率	百分比
1.2.07	外资企业占规模以上工业企业百分比	百分比

续 表

1.2.08	国有企业占规模以上工业企业百分比	百分比
1.3	**基础设施**	
1.3.01	人均互联网用户数	户/人
1.3.02	人均移动电话用户数	户/人
1.3.03	每百户城市家庭拥有电脑数	台
1.3.04	道路密度	公里/平方公里
1.3.05	人均公路客运量	人
1.3.06	人均铁路客运量	人
1.3.07	人均水路客运量	人
1.3.08	人均民航客运量	人
1.3.09	供水管道密度	公里/平方公里
1.3.10	燃气普及率	百分比
1.3.11	用水普及率	百分比

资料来源：亚洲竞争力研究所和上海社会科学院。

表 2.9 环保与可持续性实际指标

2	**环保与可持续性实际指标(22 个)**	**单位**
2.1	**污染**	
2.1.01	空气质量达到二级及以上的天数占全年百分比	百分比
2.1.02	可吸入颗粒物(PM10)浓度	微克/立方米
2.1.03	二氧化硫浓度	微克/立方米
2.1.04	二氧化氮浓度	微克/立方米
2.1.05	平均噪声值	分贝
2.1.06	空气质量满意度(调查)	评分
2.1.07	工业烟(粉)尘排放量	吨
2.1.08	化学需氧量	万吨
2.1.09	固体废弃物污染	万吨
2.1.10	年均 PM2.5 浓度	微克/立方米
2.2	**自然资源消耗**	
2.2.01	每万元地区生产总值能耗	公吨标准煤当量(TCE)
2.2.02	自然环境满意度(调查)	评分
2.2.03	人均居民生活用电	千瓦时
2.2.04	人均居民生活用水	人均吨数
2.2.05	基于 IPCC 方法计算的 CO_2 排放量	亿吨

续　表

2.2.06	人均居民生活用气	立方米/人
2.3	**环保措施**	
2.3.01	建成区绿化覆盖率	百分比
2.3.02	生活垃圾无害化处理率	百分比
2.3.03	污水处理率	百分比
2.3.04	自然保护区占辖区面积百分比	百分比
2.3.05	人均政府环境保护支出	元
2.3.06	森林覆盖率	百分比

资料来源：亚洲竞争力研究所和上海社会科学院。

表 2.10 <center>地区安全与稳定实际指标</center>

3	地区安全与稳定实际指标 8 个	单位
3.1	**犯罪率**	
3.1.01	警察服务满意度(调查)	评分
3.2	**公共安全**	
3.2.01	每十万人平均火灾事故次数	次
3.2.02	人均火灾事故直接损失	元
3.2.03	每十万人交通事故死亡人数	人
3.2.04	人均交通事故直接损失	元
3.2.05	人均自然灾害直接损失	元
3.3	**社会治安**	
3.3.01	安全感(调查)	评分
3.3.02	政府公共安全支出	万元/人

资料来源：亚洲竞争力研究所和上海社会科学院。

表 2.11 <center>社会文化状况实际指标</center>

4	社会文化状况实际指标(46 个)	单位
4.1	**医疗卫生保健**	
4.1.01	预期寿命	年
4.1.02	人均政府医疗支出	元
4.1.03	基本医疗保险覆盖率	百分比
4.1.04	每万人拥有医生数	人
4.1.05	每万人拥有医院病床数	张
4.1.06	医疗服务满意度(调查)	评分

续 表

4.1.07	医疗便捷程度（调查）	评分
4.1.08	每万人拥有公厕数	个
4.1.09	公厕便捷与清洁度（调查）	评分
4.1.10	家庭医疗支出占可支配收入百分比	百分比
4.2	**教育**	
4.2.01	文盲率	百分比
4.2.02	人均政府教育支出	元
4.2.03	每万人拥有高等教育机构数	数字
4.2.04	每万人拥有中小学数	人
4.2.05	小学教师学生比	比率
4.2.06	中学教师学生比	比率
4.2.07	每万人高等教育入学数	人
4.2.08	教育质量满意度（调查）	评分
4.2.09	教育负担能力（调查）	评分
4.2.10	每万人口中学生数	人
4.2.11	家庭教育-文化-娱乐支出占可支配收入百分比	百分比
4.3	**住房和生活环境**	
4.3.01	人均居住面积	平方米
4.3.02	收入房价比	比例
4.3.03	每万人拥有公共汽车数	辆
4.3.04	每万人年末实有出租汽车数	辆
4.3.05	每万人拥有私人汽车数	辆
4.3.06	每万人拥有限额以上批发零售贸易企业数	个
4.3.07	居住条件满意度（调查）	评分
4.3.08	住房负担能力（调查）	评分
4.3.09	公共交通方便程度（调查）	评分
4.3.10	公共交通收费满意度（调查）	评分
4.3.11	自来水质量满意度（调查）	评分
4.3.12	食品安全（调查）	评分
4.3.13	购物便捷程度（调查）	评分
4.3.14	休闲娱乐满意度（调查）	评分
4.3.15	生活压力（调查）	评分
4.4	**收入平等和人口结构负担**	
4.4.01	65 岁以上人口比例	百分比
4.4.02	城镇儿童、老年抚养比	比例
4.4.03	城镇家庭恩格尔系数	百分比

续　表

4.4.04	基本养老保险覆盖率	百分比
4.4.05	失业保险覆盖率	百分比
4.4.06	收入差距(调查)	评分
4.5	**多样性和社会凝聚力**	
4.5.01	对待外来人口友善程度(调查)	评分
4.5.02	对不同信仰的包容度(调查)	评分
4.5.03	文化(艺术)馆数量	个
4.5.04	体育运动中心数量	个

资料来源：亚洲竞争力研究所和上海社会科学院。

表 2.12　　　　　　　　　　城市治理实际指标

5	城市治理实际指标(13 个)	单位
5.1	**政府效能**	
5.1.01	人均地方财政预算支出	元
5.1.02	税收占公共预算收入百分比	百分比
5.1.03	政府办事效率(调查)	评分
5.1.04	城管服务(调查)	评分
5.1.05	政府服务质量(调查)	评分
5.2	**政府系统**	
5.2.01	每万人国家机构年末就业人数	人
5.2.02	国家机构工作人员收入与平均工资之比	比例
5.2.03	每万人公共设施管理从业人数	人
5.2.04	司法公正(调查)	评分
5.3	**透明度和问责制**	
5.3.01	政府信息公开(调查)	评分
5.3.02	政府政策落实(调查)	评分
5.4	**腐败情况**	
5.4.01	政府清廉程度(调查)	评分
5.4.02	反腐满意度(调查)	评分

资料来源：亚洲竞争力研究所和上海社会科学院。

2.4　城市选取

2019 年城市选取的标准与 2015 年相同。本研究涵盖了中国的 100 座主要城市。一座符合要求的大城市应当在经济、政治和文化层面都表现出众。基于这样的理念,选取了两类城市:(1)中国每个经济体的省会城市和(2)在 2016 年地区生产总值(GRDP)最高的城市(2016 年为在 2019 年进行该研究时能获取数据的最近年份)。表 2.13 为研究涵盖的 100 座中国城市列表。

表 2.13　　　　　　　　研究涵盖的中国 100 座城市列表

编号	城市	编号	城市	编号	城市	编号	城市
1	保定	26	衡阳	51	南宁	76	武汉
2	包头	27	菏泽	52	南通	77	芜湖
3	北京	28	呼和浩特	53	南阳	78	无锡
4	滨州	29	香港	54	宁波	79	厦门
5	沧州	30	淮安	55	鄂尔多斯	80	西安
6	长春	31	惠州	56	青岛	81	襄阳
7	常德	32	江门	57	泉州	82	咸阳
8	长沙	33	嘉兴	58	上海	83	西宁
9	常州	34	吉林市	59	绍兴	84	许昌
10	成都	35	济南	60	沈阳	85	徐州
11	重庆	36	金华	61	深圳	86	盐城
12	大连	37	济宁	62	石家庄	87	扬州
13	大庆	38	高雄	63	苏州	88	烟台
14	德州	39	昆明	64	泰安	89	宜昌
15	东莞	40	廊坊	65	台中	90	银川
16	东营	41	兰州	66	台北	91	岳阳
17	佛山	42	拉萨	67	太原	92	榆林
18	福州	43	聊城	68	泰州	93	漳州
19	广州	44	临沂	69	台州	94	湛江
20	贵阳	45	柳州	70	唐山	95	郑州
21	海口	46	洛阳	71	天津	96	镇江
22	邯郸	47	澳门	72	乌鲁木齐	97	中山
23	杭州	48	茂名	73	潍坊	98	株洲
24	哈尔滨	49	南昌	74	威海	99	淄博
25	合肥	50	南京	75	温州	100	遵义

注:城市按音序顺序排列。

资料来源:亚洲竞争力研究所和上海社会科学院。

2.5　数据来源、限制和替代

这项研究同时使用了硬数据与调查数据。在研究的 120 个实际指标中，90 个指标是基于硬数据得到的，其余 30 个指标是基于调查数据得到的。

本研究使用的数据来源于 2016 年，包括硬数据（即统计数据）和调查数据。硬数据来自公开数据来源，包括《中国统计年鉴》《中国城市数据年鉴》《中国城市建设统计年鉴》《香港统计年刊》《澳门统计年鉴》《台湾统计手册》《台湾都市及区域发展统计汇编》等。

在调查数据方面，2019 年 7 月至 10 月间，亚洲竞争力研究所和上海社会科学院聘请了一家专业机构，对中国的 100 座城市进行了随机电话调查。为了确保调查结果的代表性，每座城市至少获得了 300 份成功的回复，总计收集到了 31 502 份回复。因较大的样本量有助于避免受小范围"专家"群体潜在偏见的影响，亚洲竞争力研究所决定采用随机挑选的大量城市居民回复作为数据，而不是依赖于专家意见。

然而，对于硬数据来说，收集过程面临着若干限制。在城市层面构建排名指数比在国家层面或省级层面更难，因为城市数据很难获得或不准确。在这种情况下，只能采用替代数据解决相关数据缺失的问题。本研究使用了四种方法来替代缺失数据：

● 第一种替代方法是使用所有可获得数据城市的某特定指标的平均值，来替代一座城市的缺失数据。《世界竞争力年报》也使用这种替代方法，确保所涉及城市不因为特定指标数据缺失而在排名上得益或受损。

● 第二种替代方法是用国家或省级数据替代城市缺失数据。这种方法适用于某些在城市层面无法获得的数据，或在城市层面每年浮动极大的数据。

● 第三种替代方法考虑了城市的地理位置和发展水平，从而使用同一地区所有相似发展水平城市的指标平均值替代某城市的缺失数据。在制定替代值时要考虑更多信息并进行一定程度的判断,在某些情况下,这种方法可以提供更准确的替代值。

● 最后,如果 2016 年某一特定指标的数据无法获得,则使用最近一年的现有数据作为其替代数据。

同时,在对比 2019 年和 2015 年的结果时也要谨慎。多年来,城市数量、指标构成和数据可用性改进的相关变化,不可避免地对本次与上次的排名造成影响。

2.6　排名算法

2.6.1　均权法

接下来将讨论如何处理数据,如何将它们转换成可以进行系统分析。本研究使用的 120 个指标不仅有不同的定义,而且有不同的度量单位。例如,GRDP 是用美元来衡量的,而名义 GRDP 增长率是以百分比来衡量的。在本节的其余部分中,我们将解释如何解决因每个指标的定义和度量单位不同而导致的问题。

本研究使用"标准化分数"或 z-score 统计方法。标准化分数衡量的是特定城市与一般城市(平均水平)的绩效差异,无需考虑不同的指标使用不同的计量单位,因为标准化得分本身并不涉及计量单位,它只是衡量各座城市的相对绩效。在统计方面,标准化分数衡量的是每座城市与一般城市(平均水平)之间的标准偏差。

对于每个指标,我们首先计算所有城市的平均值,而后计算标准偏差。标准化值的计算如下:

$$标准化值 = \frac{原值 - 平均值}{标准偏差}$$

$$0 \quad (0) \quad = \quad 等于所有城市的平均值$$
$$- \quad (负) \quad = \quad 低于所有城市的平均值$$
$$+ \quad (正) \quad = \quad 高于所有城市的平均值$$

如果一座城市的标准化分数为 0,这意味着该城市在 100 座选定的城市中表现为平均水平。负的标准化分数表明这座城市的表现比平均水平更差,而正的标准化分数表明这座城市的表现比平均水平更好。分数距离 0 越远,该城市的表现就离 100 座城市的平均水平越远。从这个意义上说,负值大表示相对较弱的城市发展,而正值大则表示较好的城市发展。

每个指标的标准化分数首先在子环境级别进行聚合,然后在环境级别重新聚合,最后在总体级别再次聚合。这使我们能够从总体绩效到具体指标,在不同层次上对 100 座城市进行考察。

作为亚洲竞争力研究所传统研究方法的一部分,我们假设所有环境都具有相同的权重(即 1/5)。每个大类下包含的子类别也被赋予相同的权重,在指标的层面假定了类似的加权方法。

以此类推,为了验证均权法中主观假设的结果是否稳定,我们想介绍一种客观的加权方法,即夏普利值法。

2.6.2　夏普利值

夏普利值在合作博弈理论上有着广泛的应用。形式上,合作博弈论中的结盟博弈 (N, v) 由一组参与者 N 和一个特征函数 $v(S)$：$2^N \rightarrow R$ 定义,其中它将结盟 S(或参与者子集)映射到一个实数。该函数描述了 S 参与者通过合作可以获得的预期收益。结盟博弈的夏普利值是一个 n 向量,记为 $\Phi(v)$,它满足一组公理,即个体理性、有效性、对称性、可加性和 Null Player 公理(未做贡献者收益为 0)。

$\Phi(v)$ 的第 i 个分量可以由下式确定

$$\Phi(v) = \sum_{S \subseteq N \setminus \{i\}} \frac{|S|!\ (N - |S| - 1)!}{N!} (v(S \cup i) - v(S)).$$

在我们的上下文中,参与者是用于构建函数的指标,结盟 S 是 N 的子集。理想属性对于一般指数排序是有意义的。个体理性保证了每个参与者对函数的得分都有正向贡献,且必须满足 Null Player 公理,这样才认为其与该函数相关,从而在经济学上有意义。对称性保证了如果两个参与者具有相同的价值,则两者的收益相同。有效性和可加性也是构建函数的重要数学属性。

夏普利值的应用在各种文献中得到了较好的研究。正如 Aumann 和 Kurz(1977)所描述的那样,这个概念已经被用来解决税收和再分配的问题,也被运用于为公共品投票的问题。例如,Aumann 和 Myerson(1988)使用夏普利值研究了参与者之间的联系或结盟的形成。Moulin(1992)研究了夏普利值在货币转移和准线性效用下对未生产商品公平分配的应用。Petrosjan 和 Zaccour(2003)研究了在减少环境污染时的夏普利值的分配。最近,Hougaard 等人(2017)将夏普利值的概念应用于 FRAND[①] 条款下的许可。然而,据我们所知,夏普利值法还没有被应用到排名分析中。

作为对均权法的稳定性的检验,我们提出了一种基于夏普利值的客观加权方法——"由下而上"方式。

2.6.3　夏普利权重——"由下而上"方式

我们首先根据每座城市指标的标准化值计算每个指标的夏普利值。根据我们的定义,它衡量的是指标的总离散度,从而能够反映城市间的不平衡。夏普利值较高的那些指标应该分配更多的权重。不同维度的权重是根据指标在该特定维度下的绝对绩效(标准化得分)和相对绩效(权重)来计算的。不同维度权重的计算方法类似,同样考虑了不同类别的相关绝对绩效和相对绩效。该方法的详细说明请见本书附录 A。

2.7　夏普利加权法与熵权法的比较

另一种在决策科学领域常用的客观分配权重的方法是熵权法(Zeleny,

---

① FRAND 为公平合理非歧视法则的缩写。

1982)。指标 i 的熵权定义为：

$$Entropy_i = -\frac{1}{\ln(E)} \sum_{e=1}^{E} p_{ei} \ln(p_{ei})$$

其中 E 是经济体的数量，$p_{ei} = \dfrac{v_{ei}}{\sum_{e=1}^{E} v_{ei}}$ 与 v_{ei} 是原始数据 x_{ei} 的特征。

指标 i 的权重定义为：

$$w_i = 1 - Entropy_i$$

对指标的熵的解释涉及特定指标传递的信息。熵越高，携带的信息越少，这意味着分配给该指标的权重较低。

虽然这种方法似乎是对主观加权方案的改进，但我们不能将熵权法应用于我们的分析的一个重要原因是：由于使用了对数运算而导致无法处理负值。因此，除了 z-score 之外，还需要其他的标准化方法。

上海社科院应用经济研究所(2016)在"五大发展理念下评估省级发展"的报告中，运用熵权法对指标赋权。为避免负值，他们采用了 max-min 标准化方法，其中：

$$v_{ei} = \frac{x_{ei} - \min(x_i)}{\max(x_i) - \min(x_i)}$$

熵值法之所以不如夏普利加权法适合，是因为在应用于指标构建的领域时，熵值法对含有异常值的指标非常敏感。

如表 2.14 的示例，共有 11 个经济体和 3 个不同计量单位的指标。指标 1 包含异常值，指标 2 中所有经济体的表现相当，而指标 3 中所有经济体的表现都存在明显的差异。在夏普利加权法中使用 z-score 标准化，而在熵权法中使用 max-min 标准化。

在熵权法下，指标的权重为：

$$w_1^{Entropy} = 0.866, \quad w_2^{Entropy} = 0.045, \quad w_3^{Entropy} = 0.089$$

表 2.14　　　　　　　　　　　夏普利法和熵权法比较的示例

经济体	指标 1	指标 2	指标 3
A	10	2	1
B	1	3	2
C	1	2	3
D	1	2	4
E	1	2	5
F	1	2	6
G	1	2	7
H	1	1	8
I	1	2	9
J	1	2	10
K	1	2	11

资料来源：亚洲竞争力研究所和上海社会科学院。

由于指标 1（即经济 A）下存在异常值，熵权法中指标 1 携带的信息最多，因此赋予它的权重比其他指标高得多。

在夏普利加权法下，指标的权重为：

$$w_1^{Shapley} = 0.308, \ w_2^{Shapley} = 0.229, \ w_3^{Shapley} = 0.463$$

正如我们所见，与熵权法相似，由于异常值的存在，夏普利加权法赋予指标 1 比指标 2 相对更高的权重。然而，由于离散性，它赋予指标 3 的权重最高，从而克服了熵权法由于无法处理异常值而产生的偏差。

综上所述，最终得分的得出必须整合所有的相关信息，这意味着所有指标都能决定结果。我们需要考虑反映经济发展不平等的指标（例如指标 3）的重要性。然而如前所述，熵权法未能反映出这个特征，因为这类指标比具有异常值的指标（例如指标 1）传递的信息少。另一方面，夏普利加权法提供了一个更好的选择，因为它既反映了指标 3 下各经济体发展不平衡的事实，也反映出指标 1 下异常值的存在。

2.8 选美比赛与"假设"模拟及其缺点

CLCI 指数中采用的一项重要的技术手段是"假设(What-if)模拟分析"方法。宜居性的排名就像选美比赛,因为它只是展示出了表现良好和不足者的名单,而没有提供有助于改善宜居性的建设性建议。亚洲竞争力研究所和上海社会科学院试图利用"假设"模拟分析来回答"那又该如何"的问题。宜居性的排名对特定城市的政策有什么影响? 这项研究使用的数据使我们能够针对性地审视每座城市的指标、子类别和大类。通过分析这些数据,我们不仅能够提供该城市的整体表现,还能够评估哪些指标较弱与较强。这使得这项研究能够提供与每座城市相关的政策建议。

"假设"模拟分析着眼于改善一座城市相对最弱的 20% 的方面,然后根据改善后的结果重新计算标准化分数。首先,我们根据得分,从最低到最高对特定城市的所有指标进行排序。然后,我们便能够确定该城市相对最弱的 20 个指标(99 个指标中的 20% 为 20 个指标)。

在大多数情况下,最弱的 20 个指标的得分被提高到所有城市的平均得分。这意味着这 20 个指标的原始值将被调整为所有城市的平均值。在特殊情况下,某些城市最弱的 20% 的指标实际上会高于省平均水平。对于这些指标,保留其原始值,因此该城市的得分不会降低。在提高了 20% 最弱指标的标准化分数后,我们假设其他城市的得分保持不变,从而重新计算排名。每次模拟分析只分析一座城市,在完成对各城市的模拟分析后,根据模拟分析给出新的标准化评分。这使我们能够回答这样一个问题:如果某座城市的最弱指标有所改善,而其他城市的得分保持不变,那么该城市在整体的宜居性方面将如何变化? 虽然是静态的分析,但该方法为政策制定者改善城市的宜居性提供了基本的指导。

总体而言,本章表明,ACI - SASS 的 CLCI 是一个基于亚洲竞争力研究所的宜居性框架而构建的指标。在与上海社会科学院的合作中,通过纳入更多与中国城市发展相关的指标,亚洲竞争力研究所可以改善 2019 年的

CLCI。框架展示了双方对宜居性概念的理解,并量化了反映宜居性的五种维度中的 120 个实际指标。具体地说,这五个维度是(1)经济活力与竞争力、(2)环保与可持续性、(3)地区安全与稳定、(4)社会文化状况和(5)城市治理。

　　为了考察宜居性,本章进一步概述了排名和模拟技术以及方法论(如夏普利加权法)。因此,CLCI 能够将对宜居性的理解转化为可量化的框架。在建立了理论框架和实证分析方法的基础上,第 3 章将继续展示 2019 年中国 100 座城市的宜居性排名结果。

参考文献

Aumann,Robert J. , and Mordecai Kurz. 1977. "Power and Taxes." *Econometrica* (JSTOR) 45: 1137. doi: 10. 2307/1914063.

Aumann,Robert J. , and Roger B. Myerson. 1988. "Endogenous Formation of Links between Players and of Coalitions: An Application of the Shapley Value." In *The Shapley Value*, edited by Alvin E. Roth,175 - 192. Cambridge University Press. doi: 10. 1017/cbo9780511528446. 013.

Batool,Huma. 2008. "Mega Cities and Climate Change Sustainable Cities in a Changing World." Tech. rep. , Leadership for Environment and Development International. http://www. lead. org. pk/cc/attachments/Resource _ Center/ Media/mega_cities_HumaBatool. pdf.

Hougaard,Jens Leth, Chiu Yu Ko, and Xuyao Zhang. 2017. "A Welfare Economic Interpretation of FRAND." IFRO Working Paper, University of Copenhagen, Department of Food and Resource Economics. https://ideas. repec. org/p/foi/ wpaper/2017_04. html.

Institute of Applied Economics Shanghai Academy of Social Sciences. 2016. "五大发展理念指标体系及省级区域评估报告。" [Assessing provincial development under the Five Development Concepts]. Tech. rep. , Shanghai Academy of Social Sciences.

Kaufmann,Daniel, Aart Kraay, and Massimo Mastruzzi. 2010. "The Worldwide

Governance Indicators: Methodology and Analytical Issues." Tech. rep., World Bank Group. https://openknowledge. worldbank. org/handle/10986/3913.

Keeley, Brian. 2015. "How Does Income Inequality Affect Our Lives?" In *Income Inequality: The Gap between Rich and Poor*. Organisation for Economic Co-operation and Development (OECD). doi: 10. 1787/9789264246010-6-en.

Mcnulty, Robert H., Dorothy Jacobsen, and R. Leo Penne. 1985. *The Economics of Amenity: Community Future and Quality of Life : A Policy Guide to Urban Economic Development*. Pub Center Cultural Resources.

Moulin, Herve. 1992. "An Application of the Shapley Value to Fair Division with Money." *Econometrica* (JSTOR) 60: 1331. doi: 10. 2307/2951524.

Organisation for Economic Cooperation and Development, International Labour Organisation, World Bank, and World Trade Organisation. 2010. "Seizing the Benefits of Trade for Employment and Growth." Tech. rep., Seoul (Korea). http://www. ilo. org/global/publications/working-papers/WCMS_146476/lang-en/index. htm.

Petrosjan, Leon, and Georges Zaccour. 2003. "Time-consistent Shapley Value Allocation of Pollution Cost Reduction." *Journal of Economic Dynamics and Control* (Elsevier BV) 27: 381 – 398. doi: 10. 1016/s0165-1889(01)00053-7.

Tan, Khee Giap (陈企业), and Sujata Kaur. 2016. "Measuring Abu Dhabi's Liveability Using the Global Liveable City Index (GLCI)." *World Journal of Science, Technology and Sustainable Development* (Emerald) 13: 205 – 223. doi: 10. 1108/wjstsd-11-2015-0054.

Tan, Khee Giap(陈企业), Tao Oei Lim, Yanjiang Zhang, and Isaac Tan. 2019. *Global Liveable and Smart Cities Index: Ranking Analysis, Simulation and Policy Evaluation*. World Scientific Publishing Company.

Tan, Khee Giap(陈企业), Tongxin Nie, and Shinae Baek. 2017. *2015 Greater China Liveable Cities Index: Ranking Analysis, Simulation and Policy Evaluation*. Whoice Publishing Pte. Ltd. http://tinyurl. com/sekqny6.

Tan, Khee Giap(陈企业), Wing Thye Woo, and Boon Seng Tan. 2014. "A New

Instrument to Promote Knowledge-led Growth: The Global Liveable Cities Index." *International Journal of Business Competition and Growth* (Inderscience Publishers) 3: 174. doi: 10. 1504/ijbcg. 2014. 060304.

Tan，Khee Giap(陈企业)，Wing Thye Woo, and Grace Aw. 2014. "A New Approach to Measuring the Liveability of Cities: The Global Liveable Cities Index." *World Review of Science，Technology and Sustainable Development* (Inderscience Publishers) 11: 176. doi: 10. 1504/wrstsd. 2014. 065677.

Tan，Khee Giap(陈企业)，Wing Thye Woo, Kong Yam Tan, Linda Low，and Grace Ee Ling Aw. 2012. *Ranking the Liveability of the World's Major Cities: The Global Liveable Cities Index (GLCI).* World Scientific. doi: 10. 1142/8553.

Tan，Khee Giap(陈企业)，Xuyao Zhang(张续垚)，Tao Oei Lim, and Lin Song. 2018. *Urban Composite Development Index for 17 Shandong Cities: Ranking and Simulation Analysis Based on China's Five Development Conce.* World Scientific. doi: 10. 1142/11044.

The Economist. 2014. "A Billion Shades of Grey." Tech. rep. https://www. economist. com/leaders/2014/04/24/a-billion-shades-of-grey.

Transparency International. 2014. "Corruption Perceptions Index 2014." Tech. rep. https://www. transparency. org/whatwedo/publication/cpi2014.

UNESCO Institute for Statistics. 2017. "Literacy Rates Continue to Rise from One Generation to the Next." Tech. rep. http://uis. unesco. org/sites/default/files/ documents/fs45-literacy-rates-continue-rise-generation-to-next-en-2017_0. pdf.

World Bank (世 界 银 行). 2007. " Liveable Cities: The Benefits of Urban Environmental Planning — A Cities Alliance Study on Good Practices and Useful Tools (English)." Tech. rep. , World Bank, Washington, DC. http:// documents. worldbank. org/curated/en/944211468155698900/Liveable-cities-the- benefits-of-urban-environmental-planning-a-cities-alliance-study-on-good-practices- and-useful-tools.

World Bank(世界银行). 2016. "The Cost of Air Pollution: Strengthening the Economic Case for Action (English)." Tech. rep. , World Bank, Washington,

DC. http://documents. worldbank. org/curated/en/781521473177013155/The-cost-of-air-pollution-strengthening-the-economic-case-for-action.

World Health Organization(世界卫生组织). 2000. *The World Health Report 2000 — Health Systems: Improving Performance*. World Health Organization. https://www. who. int/whr/2000/en/whr00_en. pdf? ua=1.

Zeleny, Milan. 1982. *Multiple Criteria Decision Making*. New York: Mcgraw-Hill.

第3章 实证结果与"假设"模拟

如第2章所示,CLCI是基于详尽的理论和稳健的实证方法的一种综合研究框架,本章会继续展示2019年CLCI整体指数和五个大类的排名结果。特别的,本章将同时展示在平均权重和夏普利权重两个不同条件下整体指数和五个大类的排名和得分。进而,本章会展示"假设"模拟的结果,并讨论其政策含义。

3.1 夏普利权重和平均权重的区别

第2章的2.6小节已经提到,平均权重和夏普利权重有显著的区别。图3.1说明了CLCI五个大类在这两个权重上不同的取值。

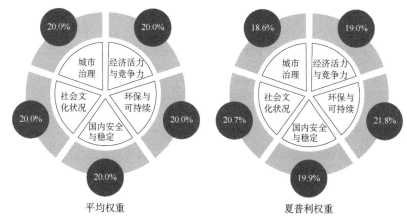

图3.1 各个大类的夏普利权重和平均权重

资料来源:亚洲竞争力研究所。

均权法将每一类视为同等重要,所以每个权重都取 20%(或者均为 1/5)和平均权重。与均权方法不同,夏普利权重反映了大类权重之间分布的差异。夏普利权重取值范围在最低 18.6%(城市治理)到最高 21.8%(环保与可持续)之间。

在我们的分析中,分配给每个大类的夏普利权重反映了 100 座城市存在的不均衡或者异质的宜居条件。因此,给定大类下城市表现的差异越大,则该大类的夏普利权重越大。每个大类的夏普利权重表征了个大类对整体宜居性排名的相对重要性。如果城市在更不均衡和更高夏普利权重的大类中表现突出,它们就会获得更高的排名和分数。故夏普利权重能够体现不同城市间的不均衡的宜居条件,并做出调整。夏普利权重法不需要对大类间的相对重要性做主观判断。相对于均权法,这是一个重大的转变。

虽然夏普利权重在各个大类之间取值不同,但它们却没有偏离平均权重取值水平的 20%。一个合理的解释是,所有城市各个指标、子类别加总后的取值偏差(即夏普利值)变得平均了。在该框架下,表现更好的城市会在宜居性的许多方面表现出众,而表现较差的城市则会在大多数的指标上落后。

3.2 2019 年中国城市宜居指数排名

表 3.1 展示了 100 座中国城市在均权法和夏普利权重法下的整体宜居性排名。对均权法和夏普利权重法之间的排名上升(下降)有两个可能解释。第一个解释是,如果城市在其他城市表现差异很大的指标上表现得好(差),那么夏普利权重法下的城市排名就会相对于均权法上升(下降)。第二个解释是,相较于均权法,夏普利权重法下的城市排名上升(下降),是因为这些城市在一些其他城市表现差异很小(高)的指标上表现得较弱(较强)。研究中的基本概念是,城市的表现差异决定了夏普利权重。因此,指标内的城市表现差异性越大,对应的夏普利权重就会越高,从而导致在这方面权重更大的指标和城市的表现更好。

表 3.1　　　　　　　　　　2019 年中国城市宜居性排名和得分

城市	经济体	2019 年排名		2019 年得分	
		均权法	夏普利权重法	均权法	夏普利权重法
烟台	山东	1	1	2.155 0	2.354 1
澳门	澳门	2	9	1.887 8	1.361 3
厦门	福建	3	4	1.802 6	1.663 3
威海	山东	4	2	1.797 2	1.916 7
北京	北京	5	7	1.727 7	1.578 9
深圳	广东	6	6	1.688 6	1.592 6
遵义	贵州	7	3	1.627 9	1.754 8
常德	湖南	8	5	1.558 1	1.594 7
上海	上海	9	8	1.485 6	1.453 6
绍兴	浙江	10	12	1.333 2	1.256 7
金华	浙江	11	13	1.284 6	1.202 6
嘉兴	浙江	12	14	1.240 4	1.150 5
台州	浙江	13	15	1.203 1	1.127 7
青岛	山东	14	10	1.186 9	1.335 9
潍坊	山东	15	11	1.179 8	1.268 9
杭州	浙江	16	17	1.025 5	0.925 5
宁波	浙江	17	21	0.901 7	0.820 7
泉州	福建	18	23	0.819 7	0.763 4
台北	台湾	19	28	0.808 4	0.552 9
无锡	江苏	20	20	0.808 2	0.826 0
南通	江苏	21	19	0.807 7	0.827 8
鄂尔多斯	内蒙古	22	16	0.799 8	0.929 9
西宁	青海	23	18	0.781 4	0.913 2
泰安	山东	24	22	0.733 9	0.800 6
重庆	重庆	25	25	0.722 5	0.695 8
常州	江苏	26	26	0.670 2	0.667 6
昆明	云南	27	27	0.535 2	0.629 8
漳州	福建	28	33	0.526 7	0.450 4
泰州	江苏	29	29	0.509 3	0.536 3
银川	宁夏	30	24	0.463 2	0.718 0
南京	江苏	31	30	0.444 8	0.480 9
南宁	广西	32	35	0.435 8	0.443 5
苏州	江苏	33	32	0.429 3	0.452 6

续 表

城市	经济体	2019 年排名		2019 年得分	
		均权法	夏普利权重法	均权法	夏普利权重法
淮南	江苏	34	36	0.428 8	0.419 3
济宁	山东	35	31	0.424 2	0.480 4
成都	四川	36	37	0.366 4	0.357 6
株洲	湖南	37	38	0.360 1	0.356 6
福州	福建	38	42	0.298 3	0.237 3
淄博	山东	39	40	0.262 8	0.273 5
临沂	山东	40	39	0.250 3	0.282 5
岳阳	湖南	41	41	0.244 9	0.253 5
惠州	广东	42	43	0.238 8	0.236 5
温州	浙江	43	52	0.233 1	0.085 4
拉萨	西藏	44	34	0.209 0	0.447 7
江门	广东	45	47	0.199 7	0.195 6
湛江	广东	46	45	0.177 0	0.205 0
茂名	广东	47	51	0.170 0	0.111 4
扬州	江苏	48	46	0.169 7	0.198 5
东营	山东	49	44	0.165 3	0.214 7
盐城	江苏	50	50	0.127 5	0.129 4
许昌	河南	51	49	0.117 1	0.143 4
济南	山东	52	48	0.096 4	0.146 8
长沙	湖南	53	54	0.020 2	−0.039 0
芜湖	安徽	54	53	−0.047 6	0.003 0
海口	海南	55	58	−0.108 6	−0.163 8
镇江	江苏	56	55	−0.113 6	−0.090 1
佛山	广东	57	63	−0.134 9	−0.242 2
东莞	广东	58	65	−0.137 9	−0.247 9
中山	广东	59	59	−0.146 0	−0.186 7
南昌	江西	60	64	−0.228 4	−0.247 3
徐州	江苏	61	61	−0.231 1	−0.237 5
大连	辽宁	62	57	−0.234 9	−0.149 3
洛阳	河南	63	62	−0.273 7	−0.241 1
郑州	河南	64	66	−0.286 4	−0.267 8
贵阳	贵州	65	60	−0.296 4	−0.214 5
乌鲁木齐	新疆	66	56	−0.309 1	−0.108 6
德州	山东	67	67	−0.311 9	−0.279 6

续　表

城市	经济体	2019 年排名		2019 年得分	
		均权法	夏普利权重法	均权法	夏普利权重法
广州	广东	68	69	−0.341 1	−0.424 1
天津	天津	69	70	−0.435 8	−0.457 9
大庆	黑龙江	70	68	−0.455 6	−0.361 5
衡阳	湖南	71	73	−0.462 7	−0.522 3
合肥	安徽	72	71	−0.483 4	−0.460 8
柳州	广西	73	74	−0.599 4	−0.603 9
咸阳	陕西	74	75	−0.616 0	−0.646 6
包头	内蒙古	75	72	−0.617 3	−0.499 1
榆林	陕西	76	76	−0.674 5	−0.662 0
聊城	山东	77	77	−0.738 4	−0.734 1
滨州	山东	78	78	−0.747 7	−0.739 5
菏泽	山东	79	80	−0.773 1	−0.804 6
南阳	河南	80	81	−0.859 6	−0.847 8
沈阳	辽宁	81	83	−0.867 1	−0.869 9
武汉	湖北	82	85	−0.882 7	−1.001 3
长春	吉林	83	84	−0.907 3	−0.932 6
吉林	吉林	84	82	−0.908 3	−0.849 5
宜昌	湖北	85	79	−0.995 4	−0.797 3
西安	陕西	86	87	−1.018 7	−1.056 7
太原	山西	87	86	−1.143 3	−1.053 3
高雄	台湾	88	88	−1.161 1	−1.120 7
襄阳	湖北	89	89	−1.255 6	−1.221 6
沧州	河北	90	93	−1.423 1	−1.480 5
台中	台湾	91	90	−1.445 0	−1.363 6
廊坊	河北	92	92	−1.494 9	−1.473 1
呼和浩特	内蒙古	93	91	−1.567 5	−1.452 8
香港	香港	94	100	−1.846 1	−2.440 0
石家庄	河北	95	95	−1.859 6	−1.900 1
兰州	甘肃	96	94	−2.008 7	−1.802 0
唐山	河北	97	96	−2.014 1	−1.975 1
保定	河北	98	99	−2.149 4	−2.215 4
邯郸	河北	99	97	−2.153 5	−2.157 5
哈尔滨	黑龙江	100	98	−2.175 3	−2.182 7

资料来源：亚洲竞争力研究所。

　　整体宜居性排名中烟台排名第 1,烟台在所研究的 100 座中国城市中是最为宜居城市,紧接着的第 2 和第 3 位分别是澳门和厦门。威海和北京占据了前五名的其余位置,依次排名第 4 和第 5。

　　排名前五位的城市中有烟台和威海。2019 年 6 月,中国社会科学院和《经济日报》联合发布的《中国城市竞争力第 17 次报告》就因经其商便利度、经济竞争力、可持续性和宜居性排名突出强调了这两座城市。

　　烟台是中国首批 14 座沿海开放城市之一,也是“一带一路”重点战略口岸和政府指定的自由贸易区。

　　除此之外,威海市整体宜居性排名较高,可归因于其电子信息和智能装备产业园被定为 2019 年省级示范数字经济园区之一。随后,其商贸产业园也被授予省级数字经济园区地位。

　　另一方面,兰州、唐山、保定、邯郸和哈尔滨的排名位于倒数后五位,排名依次是第 96 至 100 位。值得注意的是,3 座排名垫底的城市均来自河北省,因此凸显出该省决策者迫切需要解决宜居问题。

　　同样值得关注的是,除广州之外,4 座中国大陆传统一线城市中的 3 座(北京、上海和深圳)在整体宜居性的表现上均位居前列。

　　表 3.2 显示 100 座中国城市的经济活力与竞争力的排名和得分。在该大类下,香港名列前茅,澳门、台北、深圳和上海依次排在第 2 至 5 位。与之相反的是,聊城、菏泽、大庆、沈阳和邯郸在该大类下表现最差,依次排在第 96 至第 100 位。

表 3.2 　　　　　　　　　**2019 年经济活力与竞争力排名和得分**

城市	经济体	2019 年排名		2019 年得分	
		均权法	夏普利权重法	均权法	夏普利权重法
香港	香港	1	2	4.256 9	3.926 5
澳门	澳门	2	1	4.137 9	3.937 7
台北	台湾	3	3	3.866 5	3.721 0
深圳	广东	4	4	2.366 5	2.513 0

续 表

城市	经济体	2019 年排名		2019 年得分	
		均权法	夏普利权重法	均权法	夏普利权重法
上海	上海	5	6	1.854 1	1.868 2
北京	北京	6	5	1.814 4	1.968 7
厦门	福建	7	7	1.567 2	1.684 0
广州	广东	8	8	1.532 3	1.637 7
杭州	浙江	9	9	1.178 8	1.329 3
台中	台湾	10	11	1.155 3	1.072 5
高雄	台湾	11	12	1.094 5	0.995 2
东莞	广东	12	10	1.073 6	1.120 2
苏州	江苏	13	13	0.737 3	0.780 8
宁波	浙江	14	14	0.608 3	0.722 3
南京	江苏	15	16	0.602 2	0.657 1
成都	四川	16	15	0.593 6	0.670 7
武汉	湖北	17	18	0.511 6	0.542 2
惠州	广东	18	17	0.502 9	0.578 0
嘉兴	浙江	19	19	0.383 7	0.477 2
佛山	广东	20	21	0.369 6	0.417 2
无锡	江苏	21	22	0.360 5	0.384 3
青岛	山东	22	20	0.327 5	0.422 9
中山	广东	23	25	0.280 7	0.317 5
金华	浙江	24	24	0.274 7	0.340 0
天津	天津	25	30	0.266 9	0.226 3
福州	福建	26	26	0.242 5	0.310 1
拉萨	西藏	27	28	0.240 6	0.286 5
西安	陕西	28	23	0.239 4	0.343 2
贵阳	贵州	29	29	0.222 6	0.257 3
常州	江苏	30	31	0.221 7	0.221 0
绍兴	浙江	31	27	0.213 4	0.296 3
重庆	重庆	32	32	0.164 4	0.208 4
江门	广东	33	34	0.112 2	0.131 0
威海	山东	34	35	0.098 3	0.129 3
温州	浙江	35	33	0.093 1	0.139 2
长沙	湖南	36	36	0.051 7	0.094 6
海口	海南	37	43	0.050 9	—0.062 6

续　表

城市	经济体	2019 年排名		2019 年得分	
		均权法	夏普利权重法	均权法	夏普利权重法
南通	江苏	38	39	0.029 4	0.027 9
台州	浙江	39	38	0.001 0	0.034 7
郑州	河南	40	37	−0.006 2	0.061 0
泉州	福建	41	41	−0.024 7	0.009 2
昆明	云南	42	40	−0.056 9	0.017 2
烟台	山东	43	42	−0.092 9	−0.056 3
芜湖	安徽	44	44	−0.136 6	−0.078 8
漳州	福建	45	45	−0.150 6	−0.145 3
宜昌	湖北	46	48	−0.159 4	−0.219 3
泰州	江苏	47	52	−0.194 5	−0.252 1
扬州	江苏	48	50	−0.197 5	−0.239 8
济南	山东	49	49	−0.214 7	−0.220 7
镇江	江苏	50	54	−0.234 6	−0.300 5
南昌	江西	51	47	−0.237 1	−0.213 0
太原	山西	52	46	−0.263 8	−0.192 0
长春	吉林	53	56	−0.315 5	−0.312 5
南宁	广西	54	55	−0.347 2	−0.312 2
银川	宁夏	55	51	−0.348 6	−0.246 5
遵义	贵州	56	59	−0.349 4	−0.419 4
合肥	安徽	57	53	−0.359 6	−0.282 5
襄阳	湖北	58	62	−0.391 4	−0.459 4
徐州	江苏	59	63	−0.404 4	−0.462 1
淮南	江苏	60	66	−0.404 6	−0.472 4
东营	山东	61	61	−0.414 5	−0.427 1
盐城	江苏	62	68	−0.426 0	−0.476 1
廊坊	河北	63	58	−0.445 8	−0.411 7
咸阳	陕西	64	57	−0.459 1	−0.384 7
洛阳	河南	65	64	−0.461 6	−0.462 7
鄂尔多斯	内蒙古	66	60	−0.461 9	−0.423 7
株洲	湖南	67	65	−0.463 7	−0.469 2
湛江	广东	68	70	−0.488 7	−0.547 5
淄博	山东	69	69	−0.496 1	−0.522 1
兰州	甘肃	70	67	−0.504 8	−0.475 9

续　表

城市	经济体	2019 年排名		2019 年得分	
		均权法	夏普利权重法	均权法	夏普利权重法
柳州	广西	71	72	−0.568 2	−0.560 2
西宁	青海	72	71	−0.596 4	−0.560 0
石家庄	河北	73	74	−0.611 9	−0.603 0
榆林	陕西	74	75	−0.614 8	−0.624 3
吉林	吉林	75	73	−0.632 7	−0.602 8
乌鲁木齐	新疆	76	76	−0.633 1	−0.625 7
临沂	山东	77	77	−0.637 5	−0.663 0
潍坊	山东	78	78	−0.670 0	−0.682 5
常德	湖南	79	82	−0.697 7	−0.751 3
泰安	山东	80	83	−0.708 1	−0.760 8
济宁	山东	81	84	−0.714 3	−0.773 2
滨州	山东	82	85	−0.718 9	−0.783 0
许昌	河南	83	80	−0.719 5	−0.739 5
茂名	广东	84	86	−0.719 7	−0.803 3
唐山	河北	85	79	−0.725 5	−0.711 2
包头	内蒙古	86	81	−0.787 6	−0.750 4
岳阳	湖南	87	89	−0.793 2	−0.856 1
保定	河北	88	90	−0.824 9	−0.889 1
衡阳	湖南	89	91	−0.828 9	−0.904 0
呼和浩特	内蒙古	90	87	−0.833 3	−0.834 3
沧州	河北	91	88	−0.834 1	−0.851 4
大连	辽宁	92	94	−0.855 3	−0.947 3
哈尔滨	黑龙江	93	93	−0.868 5	−0.928 3
南阳	河南	94	92	−0.871 0	−0.921 4
德州	山东	95	95	−0.875 9	−0.962 9
聊城	山东	96	96	−0.983 6	−1.096 2
菏泽	山东	97	99	−1.077 1	−1.224 3
大庆	黑龙江	98	97	−1.101 7	−1.152 2
沈阳	辽宁	99	98	−1.115 9	−1.172 8
邯郸	河北	100	100	−1.567 1	−1.594 4

资料来源：亚洲竞争力研究所。

表 3.3 展示了 100 座中国城市在环保与可持续方面的排名和得分。在

这个大类下,西宁居首位,而遵义、烟台、威海和高雄依次排在第2位到第5
位。另一方面,西安、广州、兰州、唐山和宜昌在这一大类中表现最弱,依次
排在第96至第100位。

虽然常德在这个大类中排名第8位,但这个地方将要发展成海绵城市。
政府计划在这里实施"城市双修"理念(生态修复和城市修补)。另外,常德
已被提名为国家智慧城市建设试点城市以及国家园林城市。

进一步地,尽管在该大类中排名第9位,但潍坊已被提名为国家环境保
护模范城市、国家卫生城市、国家园林城市,并获得了中国人居环境奖。

表 3.3 2019 年环保与可持续排名和得分

城市	经济体	2019 年排名		2019 年得分	
		均权法	夏普利权重法	均权法	夏普利权重法
西宁	青海	1	1	2.319 6	2.492 6
遵义	贵州	2	2	1.917 7	2.150 7
烟台	山东	3	3	1.877 6	2.095 3
威海	山东	4	4	1.733 1	1.812 5
高雄	台湾	5	6	1.423 7	1.367 4
台中	台湾	6	5	1.404 0	1.431 9
泰安	山东	7	7	1.271 7	1.310 2
常德	湖南	8	11	1.223 0	1.199 1
潍坊	山东	9	10	1.172 6	1.245 8
鄂尔多斯	内蒙古	10	9	1.086 1	1.256 6
聊城	山东	11	15	1.055 5	1.070 9
大连	辽宁	12	12	1.045 7	1.176 0
湛江	广东	13	17	1.034 0	1.049 2
南通	江苏	14	14	1.013 3	1.110 4
扬州	江苏	15	16	0.995 3	1.068 6
银川	宁夏	16	8	0.994 6	1.305 0
北京	北京	17	27	0.993 3	0.573 1
济宁	山东	18	19	0.967 0	1.009 1
青岛	山东	19	13	0.964 5	1.155 8
贵阳	贵州	20	18	0.899 3	1.011 0
昆明	云南	21	20	0.864 6	0.950 7

城市	经济体	2019 年排名		2019 年得分	
		均权法	夏普利权重法	均权法	夏普利权重法
海口	海南	22	25	0.863 2	0.638 0
岳阳	湖南	23	23	0.806 4	0.744 2
漳州	福建	24	29	0.797 0	0.560 4
德州	山东	25	21	0.774 5	0.838 0
呼和浩特	内蒙古	26	22	0.771 3	0.823 5
江门	广东	27	26	0.745 0	0.630 3
株洲	湖南	28	31	0.700 1	0.526 0
泉州	福建	29	33	0.607 6	0.451 7
盐城	江苏	30	24	0.604 5	0.703 6
惠州	广东	31	34	0.592 8	0.447 4
茂名	广东	32	36	0.559 9	0.377 5
芜湖	安徽	33	28	0.531 6	0.572 2
徐州	江苏	34	30	0.504 3	0.539 0
台州	浙江	35	44	0.472 3	0.209 8
金华	浙江	36	47	0.433 0	0.174 2
包头	内蒙古	37	32	0.349 7	0.520 6
临沂	山东	38	35	0.342 6	0.425 4
嘉兴	浙江	39	50	0.316 8	0.079 9
淮南	江苏	40	38	0.288 3	0.349 3
镇江	江苏	41	37	0.259 7	0.372 6
滨州	山东	42	41	0.243 5	0.273 5
无锡	江苏	43	39	0.226 2	0.344 2
重庆	重庆	44	40	0.225 7	0.329 3
绍兴	浙江	45	51	0.223 2	−0.022 0
福州	福建	46	52	0.172 7	−0.028 1
常州	江苏	47	45	0.165 1	0.202 9
菏泽	山东	48	48	0.157 2	0.165 6
东营	山东	49	46	0.134 1	0.194 4
吉林	吉林	50	42	0.129 5	0.233 2
泰州	江苏	51	43	0.086 1	0.226 7
南宁	广西	52	53	0.052 5	−0.031 5
洛阳	河南	53	55	−0.019 4	−0.083 7
东莞	广东	54	63	−0.037 1	−0.254 9

续　表

城市	经济体	2019 年排名		2019 年得分	
		均权法	夏普利权重法	均权法	夏普利权重法
长春	吉林	55	57	−0.101 3	−0.147 8
许昌	河南	56	60	−0.110 6	−0.181 6
厦门	福建	57	68	−0.135 9	−0.458 6
廊坊	河北	58	58	−0.140 0	−0.150 9
南昌	江西	59	65	−0.140 6	−0.299 4
深圳	广东	60	62	−0.149 2	−0.237 6
沧州	河北	61	64	−0.155 2	−0.256 9
大庆	黑龙江	62	54	−0.158 4	−0.034 4
温州	浙江	63	67	−0.163 0	−0.430 3
淄博	山东	64	59	−0.183 8	−0.173 8
合肥	安徽	65	61	−0.275 5	−0.227 6
咸阳	陕西	66	71	−0.278 6	−0.509 1
苏州	江苏	67	56	−0.282 1	−0.084 5
中山	广东	68	69	−0.314 6	−0.471 1
衡阳	湖南	69	72	−0.413 5	−0.555 0
邯郸	河北	70	66	−0.424 2	−0.417 8
拉萨	西藏	71	49	−0.448 5	0.111 2
宁波	浙江	72	75	−0.495 1	−0.691 7
榆林	陕西	73	74	−0.554 9	−0.573 6
佛山	广东	74	82	−0.595 5	−0.830 2
柳州	广西	75	73	−0.613 6	−0.559 9
济南	山东	76	76	−0.705 9	−0.705 9
南阳	河南	77	77	−0.734 7	−0.710 7
石家庄	河北	78	78	−0.740 3	−0.781 1
沈阳	辽宁	79	81	−0.757 6	−0.805 0
长沙	湖南	80	86	−0.860 0	−1.038 4
杭州	浙江	81	90	−0.903 8	−1.170 4
天津	天津	82	80	−0.956 7	−0.803 8
成都	四川	83	83	−0.998 6	−0.866 3
香港	香港	84	94	−1.011 9	−1.769 0
太原	山西	85	85	−1.018 7	−0.957 9
上海	上海	86	79	−1.034 2	−0.802 2
哈尔滨	黑龙江	87	87	−1.035 5	−1.061 3

续　表

城市	经济体	2019 年排名		2019 年得分	
		均权法	夏普利权重法	均权法	夏普利权重法
乌鲁木齐	新疆	88	70	−1.051 5	−0.476 6
郑州	河南	89	88	−1.062 1	−1.127 4
保定	河北	90	89	−1.095 5	−1.143 4
南京	江苏	91	84	−1.098 0	−0.917 3
武汉	湖北	92	91	−1.204 9	−1.262 7
澳门	澳门	93	95	−1.340 7	−1.829 0
襄阳	湖北	94	92	−1.841 8	−1.441 0
台北	台湾	95	98	−1.864 2	−2.133 4
西安	陕西	96	97	−1.947 4	−2.103 7
广州	广东	97	99	−1.960 7	−2.146 4
兰州	甘肃	98	93	−2.227 0	−1.652 0
唐山	河北	99	96	−2.370 5	−2.081 2
宜昌	湖北	100	100	−3.379 9	−2.408 2

资料来源：亚洲竞争力研究所。

　　表 3.4 展示了 100 座中国城市的地区安全与稳定的排名和得分。主要由于政府在内部安全方面支出的增加，拉萨在该大类下独占鳌头，而上海和烟台分别排名第 2 和第 3。常德在该大类下排名第 4，并在 2018 年被评为全国最安全的城市。相反的是，武汉、哈尔滨、高雄、台中和香港在该大类下表现最差，排名分别是第 96 至第 100。要强调的是，该大类下香港靠后的排名很可能是由最近的社会动荡造成的。

表 3.4　　　　　　　　　　2019 年地区安全与稳定排名和得分

城市	经济体	2019 年排名		2019 年得分	
		均权法	夏普利权重法	均权法	夏普利权重法
拉萨	西藏	1	1	3.278 8	3.244 4
上海	上海	2	2	2.029 6	2.093 3
烟台	山东	3	3	1.518 6	1.553 3
常德	湖南	4	4	1.459 1	1.520 6

城市	经济体	2019 年排名		2019 年得分	
		均权法	夏普利权重法	均权法	夏普利权重法
威海	山东	5	5	1.154 7	1.200 4
潍坊	山东	6	6	1.099 9	1.139 7
北京	北京	7	7	1.084 8	1.032 6
深圳	广东	8	9	0.964 1	0.951 2
南宁	广西	9	10	0.882 2	0.898 1
许昌	河南	10	8	0.864 6	0.957 0
无锡	江苏	11	11	0.839 0	0.809 1
鄂尔多斯	内蒙古	12	15	0.823 9	0.777 4
厦门	福建	13	17	0.766 8	0.700 5
淄博	山东	14	13	0.745 9	0.791 8
青岛	山东	15	12	0.745 1	0.798 0
泰安	山东	16	14	0.738 5	0.791 6
泰州	江苏	17	18	0.722 8	0.698 7
南通	江苏	18	19	0.708 2	0.687 8
济宁	山东	19	16	0.664 7	0.715 0
淮南	江苏	20	22	0.633 7	0.618 3
临沂	山东	21	20	0.584 8	0.630 6
成都	四川	22	21	0.574 1	0.624 0
南京	江苏	23	30	0.567 4	0.541 6
漳州	福建	24	33	0.555 4	0.517 7
常州	江苏	25	31	0.549 9	0.529 2
岳阳	湖南	26	23	0.545 9	0.618 2
株洲	湖南	27	24	0.532 6	0.601 2
茂名	广东	28	32	0.518 0	0.524 1
泉州	福建	29	37	0.501 8	0.455 5
重庆	重庆	30	27	0.500 5	0.562 6
济南	山东	31	28	0.494 6	0.547 5
金华	浙江	32	39	0.494 3	0.407 9
嘉兴	浙江	33	42	0.487 8	0.395 9
德州	山东	34	29	0.487 1	0.544 0
盐城	江苏	35	36	0.483 7	0.461 1
郑州	河南	36	25	0.476 2	0.570 6
乌鲁木齐	新疆	37	49	0.467 3	0.282 4

城市	经济体	2019 年排名		2019 年得分	
		均权法	夏普利权重法	均权法	夏普利权重法
洛阳	河南	38	26	0.461 2	0.565 1
江门	广东	39	34	0.457 3	0.466 9
湛江	广东	40	35	0.456 1	0.461 2
绍兴	浙江	41	44	0.449 9	0.359 6
柳州	广西	42	38	0.396 3	0.418 4
东营	山东	43	40	0.364 2	0.407 7
菏泽	山东	44	41	0.354 9	0.400 2
佛山	广东	45	46	0.341 4	0.343 1
苏州	江苏	46	48	0.313 3	0.297 0
长沙	湖南	47	45	0.305 7	0.358 7
南阳	河南	48	43	0.257 1	0.362 1
衡阳	湖南	49	47	0.243 4	0.327 2
台州	浙江	50	53	0.238 3	0.154 9
扬州	江苏	51	51	0.196 0	0.182 8
滨州	山东	52	50	0.159 6	0.219 8
聊城	山东	53	52	0.105 8	0.161 1
镇江	江苏	54	57	0.063 4	0.047 2
徐州	江苏	55	56	0.060 1	0.049 4
惠州	广东	56	54	0.049 2	0.058 8
中山	广东	57	55	0.047 2	0.054 0
遵义	贵州	58	58	0.028 5	−0.055 0
昆明	云南	59	59	−0.049 6	−0.122 4
杭州	浙江	60	61	−0.077 9	−0.164 1
西宁	青海	61	67	−0.089 7	−0.273 5
温州	浙江	62	62	−0.091 4	−0.175 6
福州	福建	63	60	−0.098 7	−0.141 8
天津	天津	64	63	−0.188 1	−0.193 0
宁波	浙江	65	69	−0.197 3	−0.283 2
榆林	陕西	66	64	−0.229 9	−0.214 0
广州	广东	67	65	−0.262 2	−0.247 4
东莞	广东	68	68	−0.281 4	−0.277 3
咸阳	陕西	69	66	−0.285 2	−0.261 6
大庆	黑龙江	70	70	−0.356 3	−0.316 4

续　表

城市	经济体	2019 年排名		2019 年得分	
		均权法	夏普利权重法	均权法	夏普利权重法
南昌	江西	71	71	−0.381 5	−0.360 7
海口	海南	72	73	−0.400 9	−0.450 2
沧州	河北	73	72	−0.427 7	−0.378 0
芜湖	安徽	74	75	−0.445 9	−0.479 5
合肥	安徽	75	76	−0.471 6	−0.513 1
包头	内蒙古	76	74	−0.474 3	−0.472 8
宜昌	湖北	77	81	−0.486 7	−0.684 6
银川	宁夏	78	78	−0.555 4	−0.591 9
大连	辽宁	79	77	−0.592 2	−0.571 0
沈阳	辽宁	80	79	−0.647 4	−0.626 6
唐山	河北	81	80	−0.690 7	−0.660 1
西安	陕西	82	83	−0.731 9	−0.705 1
邯郸	河北	83	82	−0.760 5	−0.688 7
廊坊	河北	84	84	−0.769 3	−0.719 8
襄阳	湖北	85	90	−0.797 2	−0.961 0
兰州	甘肃	86	88	−0.847 9	−0.879 9
保定	河北	87	85	−0.854 1	−0.782 4
台北	台湾	88	86	−0.883 1	−0.804 5
石家庄	河北	89	89	−0.975 0	−0.923 5
澳门	澳门	90	87	−0.981 6	−0.875 8
吉林	吉林	91	92	−1.237 9	−1.305 4
太原	山西	92	91	−1.252 2	−1.267 8
贵阳	贵州	93	93	−1.293 3	−1.395 0
长春	吉林	94	95	−1.365 6	−1.438 6
呼和浩特	内蒙古	95	94	−1.454 7	−1.432 2
武汉	湖北	96	97	−1.627 9	−1.839 8
哈尔滨	黑龙江	97	96	−1.809 1	−1.734 1
高雄	台湾	98	98	−2.544 2	−2.562 6
台中	台湾	99	99	−3.745 6	−3.604 2
香港	香港	100	100	−4.182 0	−4.054 0

资料来源：亚洲竞争力研究所。

表 3.5 展示了 100 座中国城市社会文化状况的排名和得分。澳门在该

大类下名列前茅,而台北、烟台、遵义和杭州排名分别为第 2 至第 5。厦门排名第 6,并已经连续五次被评为全国文明城市。与之对应的是,石家庄、沧州、保定、聊城和邯郸在该大类下排名最差,依次排名第 96 至第 100。

表 3.5　　　　　　　　　　2019 年社会文化状况排名和得分

城市	经济体	2019 年排名		2019 年得分	
		均权法	夏普利权重法	均权法	夏普利权重法
澳门	澳门	1	1	3.700 2	3.024 3
台北	台湾	2	2	2.777 0	2.499 8
烟台	山东	3	3	1.775 1	1.925 7
遵义	贵州	4	4	1.725 8	1.866 3
杭州	浙江	5	5	1.560 2	1.639 7
厦门	福建	6	6	1.506 7	1.608 2
常德	湖南	7	7	1.429 5	1.509 7
宁波	浙江	8	8	1.338 2	1.398 1
重庆	重庆	9	15	1.277 3	0.949 5
绍兴	浙江	10	9	1.260 2	1.363 4
银川	宁夏	11	10	1.171 5	1.320 9
威海	山东	12	12	1.160 4	1.267 7
台州	浙江	13	11	1.157 2	1.272 1
北京	北京	14	14	1.072 2	0.956 8
上海	上海	15	17	1.028 1	0.886 5
深圳	广东	16	16	1.007 6	0.933 3
金华	浙江	17	13	0.947 3	1.039 7
青岛	山东	18	19	0.810 4	0.868 1
潍坊	山东	19	18	0.791 9	0.872 9
长沙	湖南	20	21	0.713 1	0.740 8
鄂尔多斯	内蒙古	21	23	0.684 9	0.728 0
济南	山东	22	20	0.679 4	0.805 8
乌鲁木齐	新疆	23	22	0.648 1	0.734 3
南京	江苏	24	26	0.643 9	0.673 1
昆明	云南	25	24	0.609 8	0.726 5
成都	四川	26	28	0.603 3	0.451 0
嘉兴	浙江	27	25	0.601 9	0.674 9
宜昌	湖北	28	27	0.528 9	0.613 1

续　表

城市	经济体	2019 年排名		2019 年得分	
		均权法	夏普利权重法	均权法	夏普利权重法
广州	广东	29	29	0.402 1	0.429 3
沈阳	辽宁	30	32	0.389 8	0.380 1
西安	陕西	31	31	0.375 4	0.420 1
株洲	湖南	32	30	0.365 6	0.427 7
香港	香港	33	68	0.363 8	−0.360 4
太原	山西	34	34	0.279 2	0.368 9
西宁	青海	35	33	0.234 5	0.378 5
郑州	河南	36	36	0.227 6	0.280 3
泉州	福建	37	37	0.224 4	0.278 0
南宁	广西	38	35	0.211 7	0.282 6
常州	江苏	39	39	0.168 1	0.202 7
许昌	河南	40	38	0.165 4	0.252 3
无锡	江苏	41	41	0.131 7	0.132 5
岳阳	湖南	42	43	0.105 3	0.123 5
泰州	江苏	43	40	0.101 6	0.140 1
台中	台湾	44	52	0.086 7	−0.073 5
大连	辽宁	45	48	0.074 8	0.047 7
淄博	山东	46	44	0.067 2	0.111 3
泰安	山东	47	42	0.066 3	0.132 5
福州	福建	48	45	0.036 3	0.089 4
东营	山东	49	47	0.019 6	0.058 0
苏州	江苏	50	50	0.009 9	−0.050 7
大庆	黑龙江	51	46	0.005 2	0.067 7
高雄	台湾	52	51	−0.031 3	−0.065 6
吉林	吉林	53	55	−0.081 8	−0.114 2
淮南	江苏	54	53	−0.111 8	−0.098 0
长春	吉林	55	58	−0.113 0	−0.144 5
衡阳	湖南	56	56	−0.124 6	−0.125 1
南昌	江西	57	49	−0.133 2	−0.035 8
济宁	山东	58	54	−0.158 2	−0.112 0
武汉	湖北	59	57	−0.171 0	−0.126 2
惠州	广东	60	59	−0.175 4	−0.145 3
中山	广东	61	60	−0.210 8	−0.157 8

续　表

城市	经济体	2019 年排名		2019 年得分	
		均权法	夏普利权重法	均权法	夏普利权重法
南通	江苏	62	64	−0.238 7	−0.272 2
芜湖	安徽	63	61	−0.293 7	−0.210 0
榆林	陕西	64	62	−0.294 9	−0.260 5
茂名	广东	65	65	−0.346 4	−0.274 7
漳州	福建	66	66	−0.348 6	−0.288 3
洛阳	河南	67	67	−0.351 7	−0.301 2
贵阳	贵州	68	63	−0.352 8	−0.265 0
临沂	山东	69	69	−0.366 0	−0.361 1
温州	浙江	70	71	−0.372 2	−0.393 8
天津	天津	71	75	−0.419 8	−0.488 6
合肥	安徽	72	70	−0.422 4	−0.380 9
包头	内蒙古	73	73	−0.477 9	−0.467 8
镇江	江苏	74	74	−0.481 8	−0.478 1
扬州	江苏	75	76	−0.537 6	−0.556 5
海口	海南	76	72	−0.562 8	−0.444 0
佛山	广东	77	78	−0.587 0	−0.582 8
湛江	广东	78	77	−0.611 3	−0.573 0
盐城	江苏	79	80	−0.635 7	−0.689 8
襄阳	湖北	80	79	−0.684 7	−0.633 0
徐州	江苏	81	83	−0.745 6	−0.778 6
咸阳	陕西	82	81	−0.745 7	−0.704 1
南阳	河南	83	84	−0.787 8	−0.788 0
江门	广东	84	82	−0.800 7	−0.747 1
兰州	甘肃	85	85	−0.932 8	−0.881 8
哈尔滨	黑龙江	86	88	−1.093 7	−1.205 4
东莞	广东	87	86	−1.124 8	−1.149 5
柳州	广西	88	87	−1.185 1	−1.204 0
唐山	河北	89	91	−1.272 0	−1.369 8
拉萨	西藏	90	89	−1.329 3	−1.270 9
呼和浩特	内蒙古	91	90	−1.369 0	−1.368 6
德州	山东	92	92	−1.382 2	−1.402 8
滨州	山东	93	93	−1.580 5	−1.618 2
廊坊	河北	94	95	−1.589 6	−1.662 8

续　表

城市	经济体	2019 年排名		2019 年得分	
		均权法	夏普利权重法	均权法	夏普利权重法
菏泽	山东	95	94	−1.601 8	−1.635 0
石家庄	河北	96	96	−1.822 5	−1.953 1
沧州	河北	97	97	−1.965 6	−2.070 4
保定	河北	98	99	−2.040 8	−2.183 4
聊城	山东	99	98	−2.087 8	−2.134 6
邯郸	河北	100	100	−2.167 9	−2.294 8

资料来源：亚洲竞争力研究所。

表 3.6 展示了 100 座中国城市在城市治理方面的排名和得分。嘉兴在
该大类下排名第 1，随后是绍兴、台州、金华和厦门依次排名第 2 至第 5。值
得注意的是，排名前五位的城市中有四座来自浙江省。

同样重要的是，虽然厦门在该大类下的排名是第 5，但是其在 2015 年的
政府透明度指数中排名却是第 1，厦门的政府服务因其廉洁和高效而备受
赞誉。

与之相反的是，台北、呼和浩特、台中、高雄和香港在该大类下表现得最
为薄弱，排名依次是第 96 至第 100。

表 3.6　　　　　　　　　　**2019 年城市治理排名和得分**

城市	经济体	2019 年排名		2019 年得分	
		均权法	夏普利权重法	均权法	夏普利权重法
嘉兴	浙江	1	1	1.782 0	1.819 7
绍兴	浙江	2	2	1.692 8	1.726 8
台州	浙江	3	3	1.596 0	1.642 8
金华	浙江	4	4	1.550 2	1.593 0
厦门	福建	5	5	1.486 7	1.446 5
遵义	贵州	6	7	1.365 6	1.350 1
宁波	浙江	7	6	1.342 9	1.368 4
温州	浙江	8	8	1.204 9	1.251 0
杭州	浙江	9	9	1.196 0	1.237 6

城市	经济体	2019 年排名		2019 年得分	
		均权法	夏普利权重法	均权法	夏普利权重法
烟台	山东	10	10	1.128 0	1.120 9
常德	湖南	11	12	1.073 4	1.016 5
泉州	福建	12	11	1.051 5	1.038 4
威海	山东	13	13	1.029 4	1.011 6
潍坊	山东	14	14	1.003 3	0.994 4
淮南	江苏	15	15	0.829 3	0.824 9
常州	江苏	16	16	0.825 4	0.820 0
南通	江苏	17	17	0.813 9	0.812 7
临沂	山东	18	18	0.797 0	0.784 8
无锡	江苏	19	19	0.770 3	0.759 0
泰州	江苏	20	20	0.750 9	0.756 0
泰安	山东	21	21	0.745 0	0.739 5
深圳	广东	22	25	0.674 1	0.604 2
漳州	福建	23	22	0.663 8	0.659 7
宜昌	湖北	24	24	0.630 4	0.611 8
淄博	山东	25	23	0.623 6	0.616 0
青岛	山东	26	27	0.570 7	0.549 4
南京	江苏	27	26	0.565 4	0.567 7
福州	福建	28	28	0.506 4	0.505 4
茂名	广东	29	29	0.478 1	0.470 5
济宁	山东	30	30	0.462 5	0.463 1
苏州	江苏	31	32	0.457 8	0.446 2
南宁	广西	32	31	0.456 0	0.459 4
上海	上海	33	37	0.400 7	0.322 5
西宁	青海	34	34	0.382 4	0.366 9
东营	山东	35	33	0.372 8	0.376 1
盐城	江苏	36	36	0.340 5	0.340 0
大庆	黑龙江	37	35	0.299 2	0.357 0
成都	四川	38	38	0.282 8	0.270 2
柳州	广西	39	39	0.244 3	0.241 7
南昌	江西	40	40	0.234 7	0.224 5
芜湖	安徽	41	42	0.207 5	0.167 0
昆明	云南	42	43	0.173 6	0.150 9

续 表

城市	经济体	2019 年排名		2019 年得分	
		均权法	夏普利权重法	均权法	夏普利权重法
鄂尔多斯	内蒙古	43	41	0.170 4	0.212 8
许昌	河南	44	47	0.137 3	0.110 0
合肥	安徽	45	48	0.136 9	0.094 7
湛江	广东	46	45	0.119 7	0.113 8
襄阳	湖北	47	49	0.098 9	0.089 2
德州	山东	48	46	0.098 4	0.113 3
佛山	广东	49	50	0.083 2	0.073 0
银川	宁夏	50	44	0.071 9	0.121 3
镇江	江苏	51	51	0.066 2	0.072 6
江门	广东	52	52	0.061 3	0.068 6
天津	天津	53	56	0.042 6	0.035 4
岳阳	湖南	54	58	0.040 9	−0.005 9
扬州	江苏	55	55	0.032 6	0.035 8
济南	山东	56	57	0.024 3	0.025 8
北京	北京	57	53	0.011 1	0.057 1
咸阳	陕西	58	54	−0.005 4	0.041 5
东莞	广东	59	59	−0.027 4	−0.042 5
武汉	湖北	60	62	−0.049 9	−0.082 1
菏泽	山东	61	60	−0.059 6	−0.052 7
澳门	澳门	62	61	−0.079 1	−0.081 4
徐州	江苏	63	63	−0.080 0	−0.083 1
重庆	重庆	64	64	−0.087 1	−0.092 8
株洲	湖南	65	65	−0.097 7	−0.145 6
长沙	湖南	66	66	−0.152 2	−0.211 0
衡阳	湖南	67	73	−0.208 9	−0.261 1
聊城	山东	68	67	−0.216 4	−0.211 6
中山	广东	69	70	−0.222 9	−0.235 9
榆林	陕西	70	69	−0.248 1	−0.230 1
滨州	山东	71	71	−0.257 0	−0.253 2
海口	海南	72	68	−0.263 1	−0.216 0
惠州	广东	73	74	−0.281 8	−0.279 9
乌鲁木齐	新疆	74	72	−0.321 0	−0.259 0
贵阳	贵州	75	77	−0.329 3	−0.325 4

续　表

城市	经济体	2019 年排名		2019 年得分	
		均权法	夏普利权重法	均权法	夏普利权重法
南阳	河南	76	79	−0.339 1	−0.372 8
大连	辽宁	77	75	−0.349 5	−0.313 4
沈阳	辽宁	78	76	−0.366 1	−0.316 2
包头	内蒙古	79	78	−0.387 7	−0.367 1
洛阳	河南	80	80	−0.416 9	−0.447 6
郑州	河南	81	81	−0.460 5	−0.497 8
广州	广东	82	82	−0.693 9	−0.694 5
沧州	河北	83	84	−0.715 9	−0.723 8
长春	吉林	84	83	−0.717 6	−0.707 1
唐山	河北	85	85	−0.741 8	−0.748 3
吉林	吉林	86	86	−0.792 9	−0.773 6
西安	陕西	87	87	−0.869 4	−0.887 7
太原	山西	88	88	−1.037 2	−1.011 2
拉萨	西藏	89	89	−1.139 7	−1.086 0
石家庄	河北	90	90	−1.205 7	−1.215 5
兰州	甘肃	91	91	−1.272 5	−1.260 1
邯郸	河北	92	92	−1.282 2	−1.298 4
廊坊	河北	93	93	−1.360 6	−1.361 6
保定	河北	94	94	−1.374 8	−1.374 1
哈尔滨	黑龙江	95	95	−1.457 8	−1.398 6
台北	台湾	96	96	−1.567 9	−1.508 6
呼和浩特	内蒙古	97	97	−1.628 5	−1.571 2
台中	台湾	98	98	−3.061 9	−3.071 2
高雄	台湾	99	99	−3.286 7	−3.284 1
香港	香港	100	100	−4.743 4	−4.789 6

资料来源：亚洲竞争力研究所。

3.3　"假设"模拟和政策含义

正如 2.8 小节所讨论的，"假设"模拟揭示了若解决了目前最迫切的问题，城市所能达到的潜在改进。排名研究可能会有助于呈现城市现状。如果延长时间,这个研究可以用于描述城市宜居性的模式和趋势。然而,排名本身并不能为城市宜居性水平的提高提供建设性意见。因此,我们采用"假设"模拟方法,以探索和说明一座城市通过适当的调整可以在多大程度上改善其宜居性。

为了做到这一点,"假设"模拟在重新计算模拟排名和得分之前,将每座城20%最弱的指标提高到平均水平。值得重申的是,这是一个静态模拟,因为当调整某座城市的绩效时,所有其他城市的绩效保持不变。

表 3.7 至表 3.12 给出了在每个大类中对整体指标使用均权法生成的"假设"模拟结果。

表 3.7　　2019 年中国城市宜居指数的整体"假设"模拟结果

城市	经济体	排名		得分	
		模拟前	模拟后	模拟前	模拟后
烟台	山东	1	1	2.155 0	2.634 5
澳门	澳门	2	1	1.887 8	4.207 0
厦门	福建	3	1	1.802 6	2.958 4
威海	山东	4	1	1.797 2	2.506 2
北京	北京	5	1	1.727 7	3.231 0
深圳	广东	6	1	1.688 6	2.857 7
遵义	贵州	7	1	1.627 9	2.862 2
常德	湖南	8	1	1.558 1	2.350 1
上海	上海	9	1	1.485 6	2.821 1
绍兴	浙江	10	1	1.333 2	2.277 2
金华	浙江	11	1	1.284 6	2.279 6
嘉兴	浙江	12	1	1.240 4	2.249 5
台州	浙江	13	1	1.203 1	2.213 9
青岛	山东	14	5	1.186 9	1.718 0
潍坊	山东	15	3	1.179 8	1.793 3
杭州	浙江	16	1	1.025 5	2.241 5
宁波	浙江	17	2	0.901 7	1.944 9
泉州	福建	18	3	0.819 7	1.796 2
台北	台湾	19	1	0.808 4	3.503 4
无锡	江苏	20	8	0.808 2	1.559 6

续　表

城市	经济体	排名		得分	
		模拟前	模拟后	模拟前	模拟后
南通	江苏	21	9	0.807 7	1.481 3
鄂尔多斯	内蒙古	22	2	0.799 8	1.915 8
西宁	青海	23	2	0.781 4	2.016 0
泰安	山东	24	10	0.733 9	1.368 3
重庆	重庆	25	10	0.722 5	1.343 0
常州	江苏	26	10	0.670 2	1.397 6
昆明	云南	27	11	0.535 2	1.316 7
漳州	福建	28	10	0.526 7	1.467 5
泰州	江苏	29	10	0.509 3	1.348 1
银川	宁夏	30	3	0.463 2	1.797 1
南京	江苏	31	7	0.444 8	1.612 7
南宁	广西	32	10	0.435 8	1.407 0
苏州	江苏	33	10	0.429 3	1.366 8
淮南	江苏	34	13	0.428 8	1.187 3
济宁	山东	35	16	0.424 2	1.070 5
成都	四川	36	9	0.366 4	1.473 8
株洲	湖南	37	16	0.360 1	1.087 8
福州	福建	38	13	0.298 3	1.184 8
淄博	山东	39	16	0.262 8	1.089 9
临沂	山东	40	17	0.250 3	0.987 1
岳阳	湖南	41	16	0.244 9	1.144 8
惠州	广东	42	16	0.238 8	1.055 3
温州	浙江	43	10	0.233 1	1.361 1
拉萨	西藏	44	1	0.209 0	3.271 3
江门	广东	45	16	0.199 7	1.051 0
湛江	广东	46	16	0.177 0	1.099 9
茂名	广东	47	16	0.170 0	1.126 5
扬州	江苏	48	18	0.169 7	0.820 7
东营	山东	49	16	0.165 3	1.016 6
盐城	江苏	50	17	0.127 5	0.898 2
许昌	河南	51	12	0.117 1	1.222 1
济南	山东	52	18	0.096 4	0.869 2
长沙	湖南	53	16	0.020 2	1.060 1

城市	经济体	排名		得分	
		模拟前	模拟后	模拟前	模拟后
芜湖	安徽	54	23	−0.047 6	0.784 3
海口	海南	55	12	−0.108 6	1.240 0
镇江	江苏	56	27	−0.113 6	0.635 4
佛山	广东	57	17	−0.134 9	1.006 7
东莞	广东	58	11	−0.137 9	1.295 8
中山	广东	59	17	−0.146 0	0.905 3
南昌	江西	60	27	−0.228 4	0.655 7
徐州	江苏	61	30	−0.231 1	0.460 8
大连	辽宁	62	16	−0.234 9	1.066 2
洛阳	河南	63	26	−0.273 7	0.663 9
郑州	河南	64	24	−0.286 4	0.734 6
贵阳	贵州	65	16	−0.296 4	1.039 8
乌鲁木齐	新疆	66	7	−0.309 1	1.635 5
德州	山东	67	36	−0.311 9	0.397 6
广州	广东	68	12	−0.341 1	1.246 1
天津	天津	69	18	−0.435 8	0.857 8
大庆	黑龙江	70	17	−0.455 6	0.944 2
衡阳	湖南	71	27	−0.462 7	0.629 7
合肥	安徽	72	30	−0.483 4	0.469 2
柳州	广西	73	27	−0.599 4	0.603 7
咸阳	陕西	74	50	−0.616 0	0.155 3
包头	内蒙古	75	36	−0.617 3	0.404 2
榆林	陕西	76	40	−0.674 5	0.252 0
聊城	山东	77	53	−0.738 4	0.024 7
滨州	山东	78	53	−0.747 7	0.066 5
菏泽	山东	79	52	−0.773 1	0.101 5
南阳	河南	80	39	−0.859 6	0.273 1
沈阳	辽宁	81	30	−0.867 1	0.460 4
武汉	湖北	82	36	−0.882 7	0.401 2
长春	吉林	83	42	−0.907 3	0.232 2
吉林	吉林	84	27	−0.908 3	0.584 8

续　表

城市	经济体	排名		得分	
		模拟前	模拟后	模拟前	模拟后
宜昌	湖北	85	13	−0.995 4	1.216 1
西安	陕西	86	51	−1.018 7	0.119 1
太原	山西	87	38	−1.143 3	0.325 4
高雄	台湾	88	2	−1.161 1	2.040 0
襄阳	湖北	89	43	−1.255 6	0.217 1
沧州	河北	90	67	−1.423 1	−0.333 4
台中	台湾	91	2	−1.445 0	2.029 7
廊坊	河北	92	60	−1.494 9	−0.219 9
呼和浩特	内蒙古	93	36	−1.567 5	0.368 5
香港	香港	94	1	−1.846 1	2.788 7
石家庄	河北	95	69	−1.859 6	−0.421 3
兰州	甘肃	96	46	−2.008 7	0.178 0
唐山	河北	97	59	−2.014 1	−0.143 9
保定	河北	98	73	−2.149 4	−0.614 9
邯郸	河北	99	69	−2.153 5	−0.459 3
哈尔滨	黑龙江	100	46	−2.175 3	0.173 3

资料来源：亚洲竞争力研究所。

　　表 3.7 显示了整体宜居性指标的"假设"模拟结果。该研究中值得注意的发现是，排名前十三的城市经过"假设"模拟之后排名变为了第 1。这突出显示了这些城市在 CLCI 中表现接近。如果城市政策制定者采用正确的政策和方法来针对那些薄弱指标，则可能会使这些城市取得更好的宜居性成绩。

　　排名垫底的城市在改善其宜居性排名上有着巨大的潜力。对于像兰州、保定、唐山、邯郸和哈尔滨这样的城市，它们的排名提高了 30 位或者更多。在模拟后，最显著的改善是香港从第 94 位上升到第 1 位，得分从 −1.846 1 上升到 2.788 7。

表 3.8　　　　　　　　　　经济活力与竞争力的"假设"模拟结果

城市	经济体	排名		得分	
		模拟前	模拟后	模拟前	模拟后
香港	香港	1	1	4.256 9	4.763 9
澳门	澳门	2	1	4.137 9	4.680 8
台北	台湾	3	1	3.866 5	4.506 7
深圳	广东	4	4	2.366 5	2.639 8
上海	上海	5	4	1.854 1	2.436 8
北京	北京	6	5	1.814 4	2.326 6
厦门	福建	7	7	1.567 2	1.621 0
广州	广东	8	5	1.532 3	1.918 0
杭州	浙江	9	9	1.178 8	1.320 2
台中	台湾	10	7	1.155 3	1.579 2
高雄	台湾	11	7	1.094 5	1.595 1
东莞	广东	12	9	1.073 6	1.355 5
苏州	江苏	13	13	0.737 3	1.020 5
宁波	浙江	14	13	0.608 3	0.746 5
南京	江苏	15	13	0.602 2	0.849 9
成都	四川	16	14	0.593 6	0.680 2
武汉	湖北	17	14	0.511 6	0.624 9
惠州	广东	18	14	0.502 9	0.678 5
嘉兴	浙江	19	17	0.383 7	0.585 0
佛山	广东	20	14	0.369 6	0.715 5
无锡	江苏	21	14	0.360 5	0.617 1
青岛	山东	22	17	0.327 5	0.553 5
中山	广东	23	17	0.280 7	0.585 2
金华	浙江	24	17	0.274 7	0.563 4
天津	天津	25	14	0.266 9	0.616 6
福州	福建	26	22	0.242 5	0.334 9
拉萨	西藏	27	14	0.240 6	0.670 6
西安	陕西	28	19	0.239 4	0.455 4
贵阳	贵州	29	19	0.222 6	0.420 1
常州	江苏	30	19	0.221 7	0.479 7
绍兴	浙江	31	18	0.213 4	0.501 2
重庆	重庆	32	19	0.164 4	0.420 9
江门	广东	33	19	0.112 2	0.497 3

续　表

城市	经济体	排名		得分	
		模拟前	模拟后	模拟前	模拟后
威海	山东	34	22	0.098 3	0.351 1
温州	浙江	35	22	0.093 1	0.341 0
长沙	湖南	36	26	0.051 7	0.250 3
海口	海南	37	14	0.050 9	0.708 1
南通	江苏	38	22	0.029 4	0.329 1
台州	浙江	39	22	0.001 0	0.343 1
郑州	河南	40	32	−0.006 2	0.181 9
泉州	福建	41	23	−0.024 7	0.291 6
昆明	云南	42	23	−0.056 9	0.302 0
烟台	山东	43	32	−0.092 9	0.183 2
芜湖	安徽	44	32	−0.136 6	0.167 2
漳州	福建	45	36	−0.150 6	0.085 2
宜昌	湖北	46	21	−0.159 4	0.359 4
泰州	江苏	47	33	−0.194 5	0.146 2
扬州	江苏	48	36	−0.197 5	0.075 5
济南	山东	49	36	−0.214 7	0.079 6
镇江	江苏	50	29	−0.234 6	0.230 4
南昌	江西	51	39	−0.237 1	0.001 9
太原	山西	52	33	−0.263 8	0.127 8
长春	吉林	53	33	−0.315 5	0.114 0
南宁	广西	54	36	−0.347 2	0.066 7
银川	宁夏	55	33	−0.348 6	0.141 6
遵义	贵州	56	32	−0.349 4	0.160 0
合肥	安徽	57	33	−0.359 6	0.110 4
襄阳	湖北	58	36	−0.391 4	0.078 3
徐州	江苏	59	42	−0.404 4	−0.032 6
淮南	江苏	60	43	−0.404 6	−0.065 1
东营	山东	61	33	−0.414 5	0.125 2
盐城	江苏	62	43	−0.426 0	−0.081 4
廊坊	河北	63	53	−0.445 8	−0.285 8
咸阳	陕西	64	38	−0.459 1	0.033 4
洛阳	河南	65	44	−0.461 6	−0.137 1
鄂尔多斯	内蒙古	66	36	−0.461 9	0.075 3
株洲	湖南	67	43	−0.463 7	−0.080 3

城市	经济体	排名		得分	
		模拟前	模拟后	模拟前	模拟后
湛江	广东	68	42	−0.488 7	−0.057 7
淄博	山东	69	44	−0.496 1	−0.126 6
兰州	甘肃	70	40	−0.504 8	−0.005 5
柳州	广西	71	43	−0.568 2	−0.087 9
西宁	青海	72	42	−0.596 4	−0.066 7
石家庄	河北	73	71	−0.611 9	−0.507 8
榆林	陕西	74	42	−0.614 8	−0.062 8
吉林	吉林	75	44	−0.632 7	−0.100 3
乌鲁木齐	新疆	76	20	−0.633 1	0.378 6
临沂	山东	77	53	−0.637 5	−0.285 0
潍坊	山东	78	45	−0.670 0	−0.154 4
常德	湖南	79	52	−0.697 7	−0.255 4
泰安	山东	80	54	−0.708 1	−0.329 7
济宁	山东	81	52	−0.714 3	−0.262 4
滨州	山东	82	71	−0.718 9	−0.516 1
许昌	河南	83	52	−0.719 5	−0.262 9
茂名	广东	84	44	−0.719 7	−0.138 1
唐山	河北	85	62	−0.725 5	−0.425 0
包头	内蒙古	86	47	−0.787 6	−0.177 9
岳阳	湖南	87	53	−0.793 2	−0.284 0
保定	河北	88	73	−0.824 9	−0.604 5
衡阳	湖南	89	53	−0.828 9	−0.291 9
呼和浩特	内蒙古	90	63	−0.833 3	−0.440 8
沧州	河北	91	73	−0.834 1	−0.613 5
大连	辽宁	92	30	−0.855 3	0.214 0
哈尔滨	黑龙江	93	70	−0.868 5	−0.503 3
南阳	河南	94	58	−0.871 0	−0.368 9
德州	山东	95	71	−0.875 9	−0.555 9
聊城	山东	96	73	−0.983 6	−0.604 2
菏泽	山东	97	64	−1.077 1	−0.461 4
大庆	黑龙江	98	39	−1.101 7	0.014 1
沈阳	辽宁	99	39	−1.115 9	0.009 1
邯郸	河北	100	85	−1.567 1	−0.751 9

资料来源：亚洲竞争力研究所。

　　表 3.8 显示了经济活力与竞争力的"假设"模拟结果。在该大类下,香港仍然排名最高,同时澳门和台北也显示出在模拟后能够达到最高排名的潜力。沈阳和大连有最大的上升空间,模拟后它们的排名分别上升了 60 位和 62 位。进一步地来说,沈阳的分数从 −1.115 9 上身到 0.009 1 分,升幅最大,达 1.125 0 分。相反,在模拟后,深圳、杭州和苏州的排名没有得到改善,但是分数有所改善。

表 3.9　　　　　　　　　环保与可持续的"假设"模拟结果

城市	经济体	排名		得分	
		模拟前	模拟后	模拟前	模拟后
西宁	青海	1	1	2.319 6	3.552 2
遵义	贵州	2	1	1.917 7	2.460 8
烟台	山东	3	2	1.877 6	2.206 6
威海	山东	4	1	1.733 1	2.519 9
高雄	台湾	5	1	1.423 7	2.534 6
台中	台湾	6	1	1.404 0	2.453 4
泰安	山东	7	4	1.271 7	1.749 7
常德	湖南	8	4	1.223 0	1.730 8
潍坊	山东	9	5	1.172 6	1.634 4
鄂尔多斯	内蒙古	10	2	1.086 1	2.251 9
聊城	山东	11	5	1.055 5	1.610 6
大连	辽宁	12	5	1.045 7	1.496 3
湛江	广东	13	2	1.034 0	1.966 3
南通	江苏	14	6	1.013 3	1.412 3
扬州	江苏	15	7	0.995 3	1.394 6
银川	宁夏	16	1	0.994 6	2.851 8
北京	北京	17	1	0.993 3	2.783 1
济宁	山东	18	5	0.967 0	1.425 9
青岛	山东	19	5	0.964 5	1.600 0
贵阳	贵州	20	6	0.899 3	1.409 8
昆明	云南	21	5	0.864 6	1.410 1
海口	海南	22	4	0.863 2	1.772 1
岳阳	湖南	23	5	0.806 4	1.421 9
漳州	福建	24	2	0.797 0	1.990 5

城市	经济体	排名		得分	
		模拟前	模拟后	模拟前	模拟后
德州	山东	25	7	0.774 5	1.333 6
呼和浩特	内蒙古	26	10	0.771 3	1.094 6
江门	广东	27	5	0.745 0	1.420 7
株洲	湖南	28	18	0.700 1	0.975 5
泉州	福建	29	2	0.607 6	1.873 9
盐城	江苏	30	7	0.604 5	1.338 3
惠州	广东	31	7	0.592 8	1.271 2
茂名	广东	32	5	0.559 9	1.673 2
芜湖	安徽	33	18	0.531 6	0.975 7
徐州	江苏	34	15	0.504 3	0.990 8
台州	浙江	35	5	0.472 3	1.590 7
金华	浙江	36	5	0.433 0	1.551 3
包头	内蒙古	37	8	0.349 7	1.229 7
临沂	山东	38	14	0.342 6	1.011 7
嘉兴	浙江	39	5	0.316 8	1.439 8
淮南	江苏	40	10	0.288 3	1.081 5
镇江	江苏	41	21	0.259 7	0.860 1
滨州	山东	42	8	0.243 5	1.211 5
无锡	江苏	43	20	0.226 2	0.897 6
重庆	重庆	44	20	0.225 7	0.913 4
绍兴	浙江	45	7	0.223 2	1.348 8
福州	福建	46	5	0.172 7	1.641 9
常州	江苏	47	11	0.165 1	1.053 8
菏泽	山东	48	23	0.157 2	0.836 6
东营	山东	49	10	0.134 1	1.096 8
吉林	吉林	50	7	0.129 5	1.270 9
泰州	江苏	51	10	0.086 1	1.100 9
南宁	广西	52	7	0.052 5	1.284 6
洛阳	河南	53	21	−0.019 4	0.890 4
东莞	广东	54	6	−0.037 1	1.387 8
长春	吉林	55	53	−0.101 3	0.023 0
许昌	河南	56	14	−0.110 6	1.020 7
厦门	福建	57	2	−0.135 9	1.860 7

续　表

城市	经济体	排名		得分	
		模拟前	模拟后	模拟前	模拟后
廊坊	河北	58	20	−0.140 0	0.906 3
南昌	江西	59	37	−0.140 6	0.374 1
深圳	广东	60	5	−0.149 2	1.449 2
沧州	河北	61	10	−0.155 2	1.098 6
大庆	黑龙江	62	4	−0.158 4	1.752 9
温州	浙江	63	18	−0.163 0	0.968 1
淄博	山东	64	18	−0.183 8	0.952 6
合肥	安徽	65	36	−0.275 5	0.458 7
咸阳	陕西	66	37	−0.278 6	0.358 4
苏州	江苏	67	28	−0.282 1	0.698 2
中山	广东	68	20	−0.314 6	0.894 0
衡阳	湖南	69	23	−0.413 5	0.830 2
邯郸	河北	70	9	−0.424 2	1.152 6
拉萨	西藏	71	1	−0.448 5	3.747 1
宁波	浙江	72	21	−0.495 1	0.871 9
榆林	陕西	73	46	−0.554 9	0.202 6
佛山	广东	74	15	−0.595 5	0.989 7
柳州	广西	75	7	−0.613 6	1.264 7
济南	山东	76	29	−0.705 9	0.647 0
南阳	河南	77	36	−0.734 7	0.454 1
石家庄	河北	78	12	−0.740 3	1.039 3
沈阳	辽宁	79	56	−0.757 6	−0.110 5
长沙	湖南	80	33	−0.860 0	0.543 1
杭州	浙江	81	22	−0.903 8	0.845 0
天津	天津	82	46	−0.956 7	0.208 2
成都	四川	83	28	−0.998 6	0.716 9
香港	香港	84	19	−1.011 9	0.932 9
太原	山西	85	58	−1.018 7	−0.142 0
上海	上海	86	29	−1.034 2	0.662 0
哈尔滨	黑龙江	87	32	−1.035 5	0.573 3
乌鲁木齐	新疆	88	10	−1.051 5	1.071 2
郑州	河南	89	42	−1.062 1	0.235 0
保定	河北	90	34	−1.095 5	0.517 1

城市	经济体	排名		得分	
		模拟前	模拟后	模拟前	模拟后
南京	江苏	91	19	−1.098 0	0.945 3
武汉	湖北	92	52	−1.204 9	0.042 3
澳门	澳门	93	5	−1.340 7	1.488 6
襄阳	湖北	94	39	−1.841 8	0.323 4
台北	台湾	95	9	−1.864 2	1.191 8
西安	陕西	96	55	−1.947 4	−0.078 1
广州	广东	97	38	−1.960 7	0.336 0
兰州	甘肃	98	8	−2.227 0	1.225 3
唐山	河北	99	28	−2.370 5	0.713 1
宜昌	湖北	100	31	−3.379 9	0.648 2

资料来源：亚洲竞争力研究所。

表 3.9 显示了环保与可持续的"假设"模拟结果。西宁在该大类下仍然排名最高，同时银川、北京和拉萨在模拟之后有潜力达到最高的排名。兰州和澳门在该大类上最有改善潜力，分别上升了 90 位和 88 位。同时，在模拟后，拉萨得分从−0.448 5 上升到 3.747 1 分，得分提高了 4.195 6 分，上升幅度最大。

表 3.10		地区安全与稳定的"假设"模拟结果			
城市	经济体	排名		得分	
		模拟前	模拟后	模拟前	模拟后
拉萨	西藏	1	1	3.278 8	3.278 8
上海	上海	2	2	2.029 6	2.029 6
烟台	山东	3	3	1.518 6	1.748 0
常德	湖南	4	3	1.459 1	1.729 5
威海	山东	5	5	1.154 7	1.386 1
潍坊	山东	6	5	1.099 9	1.332 2
北京	北京	7	5	1.084 8	1.438 1
深圳	广东	8	8	0.964 1	0.964 1
南宁	广西	9	7	0.882 2	1.092 5

续　表

城市	经济体	排名		得分	
		模拟前	模拟后	模拟前	模拟后
许昌	河南	10	5	0.864 6	1.268 6
无锡	江苏	11	8	0.839 0	1.043 3
鄂尔多斯	内蒙古	12	4	0.823 9	1.442 7
厦门	福建	13	6	0.766 8	1.107 4
淄博	山东	14	8	0.745 9	0.979 9
青岛	山东	15	8	0.745 1	0.978 7
泰安	山东	16	8	0.738 5	0.972 3
泰州	江苏	17	11	0.722 8	0.844 8
南通	江苏	18	9	0.708 2	0.913 1
济宁	山东	19	9	0.664 7	0.899 0
淮南	江苏	20	14	0.633 7	0.755 8
临沂	山东	21	13	0.584 8	0.819 3
成都	四川	22	13	0.574 1	0.814 0
南京	江苏	23	13	0.567 4	0.772 7
漳州	福建	24	18	0.555 4	0.720 3
常州	江苏	25	14	0.549 9	0.755 2
岳阳	湖南	26	12	0.545 9	0.821 8
株洲	湖南	27	13	0.532 6	0.808 5
茂名	广东	28	28	0.518 0	0.518 0
泉州	福建	29	14	0.501 8	0.746 8
重庆	重庆	30	30	0.500 5	0.500 5
济南	山东	31	17	0.494 6	0.729 5
金华	浙江	32	3	0.494 3	1.504 0
嘉兴	浙江	33	3	0.487 8	1.497 4
德州	山东	34	34	0.487 1	0.487 1
盐城	江苏	35	21	0.483 7	0.606 1
郑州	河南	36	9	0.476 2	0.882 9
乌鲁木齐	新疆	37	3	0.467 3	1.833 8
洛阳	河南	38	10	0.461 2	0.868 4
江门	广东	39	39	0.457 3	0.457 3
湛江	广东	40	40	0.456 1	0.456 1
绍兴	浙江	41	4	0.449 9	1.460 3
柳州	广西	42	42	0.396 3	0.396 3

续 表

城市	经济体	排名		得分	
		模拟前	模拟后	模拟前	模拟后
东营	山东	43	21	0.364 2	0.599 3
菏泽	山东	44	44	0.354 9	0.354 9
佛山	广东	45	45	0.341 4	0.341 4
苏州	江苏	46	28	0.313 3	0.519 2
长沙	湖南	47	16	0.305 7	0.734 6
南阳	河南	48	19	0.257 1	0.664 5
衡阳	湖南	49	28	0.243 4	0.520 1
台州	浙江	50	5	0.238 3	1.171 2
扬州	江苏	51	42	0.196 0	0.402 1
滨州	山东	52	52	0.159 6	0.159 6
聊城	山东	53	53	0.105 8	0.105 8
镇江	江苏	54	52	0.063 4	0.186 1
徐州	江苏	55	52	0.060 1	0.182 8
惠州	广东	56	47	0.049 2	0.309 0
中山	广东	57	46	0.047 2	0.316 8
遵义	贵州	58	3	0.028 5	1.508 1
昆明	云南	59	42	−0.049 6	0.435 2
杭州	浙江	60	9	−0.077 9	0.943 9
西宁	青海	61	11	−0.089 7	0.834 6
温州	浙江	62	11	−0.091 4	0.847 3
福州	福建	63	52	−0.098 7	0.170 4
天津	天津	64	9	−0.188 1	0.931 8
宁波	浙江	65	11	−0.197 3	0.826 6
榆林	陕西	66	66	−0.229 9	−0.229 9
广州	广东	67	47	−0.262 2	0.305 2
东莞	广东	68	46	−0.281 4	0.309 5
咸阳	陕西	69	69	−0.285 2	−0.285 2
大庆	黑龙江	70	66	−0.356 3	−0.211 4
南昌	江西	71	44	−0.381 5	0.346 1
海口	海南	72	20	−0.400 9	0.652 6
沧州	河北	73	64	−0.427 7	−0.105 6
芜湖	安徽	74	44	−0.445 9	0.353 6
合肥	安徽	75	43	−0.471 6	0.371 6

续　表

城市	经济体	排名		得分	
		模拟前	模拟后	模拟前	模拟后
包头	内蒙古	76	60	−0.474 3	−0.072 1
宜昌	湖北	77	18	−0.486 7	0.707 3
银川	宁夏	78	53	−0.555 4	0.145 7
大连	辽宁	79	46	−0.592 2	0.324 2
沈阳	辽宁	80	51	−0.647 4	0.224 4
唐山	河北	81	42	−0.690 7	0.414 5
西安	陕西	82	73	−0.731 9	−0.424 8
邯郸	河北	83	60	−0.760 5	−0.068 8
廊坊	河北	84	59	−0.769 3	−0.021 8
襄阳	湖北	85	51	−0.797 2	0.198 9
兰州	甘肃	86	72	−0.847 9	−0.397 9
保定	河北	87	66	−0.854 1	−0.222 3
台北	台湾	88	9	−0.883 1	0.900 0
石家庄	河北	89	71	−0.975 0	−0.367 9
澳门	澳门	90	9	−0.981 6	0.871 2
吉林	吉林	91	58	−1.237 9	0.013 3
太原	山西	92	72	−1.252 2	−0.401 7
贵阳	贵州	93	46	−1.293 3	0.309 3
长春	吉林	94	60	−1.365 6	−0.081 3
呼和浩特	内蒙古	95	54	−1.454 7	0.075 7
武汉	湖北	96	58	−1.627 9	0.014 4
哈尔滨	黑龙江	97	60	−1.809 1	−0.067 9
高雄	台湾	98	51	−2.544 2	0.194 8
台中	台湾	99	46	−3.745 6	0.299 0
香港	香港	100	14	−4.182 0	0.797 0

资料来源：亚洲竞争力研究所。

　　表 3.10 展示了地区安全与稳定的"假设"模拟结果。拉萨在模拟之后仍然保持着在该大类下的最高排名。香港在模拟后，得分从−4.182 0 上升到 0.797 0 分，排名大幅提高了 86 位，说明香港在该大类下有很大的改善潜力。台中的得分也出现了异常的提高，其排名提高了 41 位。另一方面，烟台和威海这两座城市在模拟之后并没有显示出排名的变化，但是其得分仍

有所提高。

表 3.11　　　　　　　　　社会文化状况的"假设"模拟结果

城市	经济体	排名		得分	
		模拟前	模拟后	模拟前	模拟后
澳门	澳门	1	1	3.700 2	4.651 6
台北	台湾	2	1	2.777 0	3.939 0
烟台	山东	3	3	1.775 1	2.313 6
遵义	贵州	4	2	1.725 8	2.902 9
杭州	浙江	5	3	1.560 2	2.192 4
厦门	福建	6	3	1.506 7	2.545 0
常德	湖南	7	3	1.429 5	2.212 6
宁波	浙江	8	3	1.338 2	1.868 7
重庆	重庆	9	3	1.277 3	2.039 5
绍兴	浙江	10	5	1.260 2	1.626 8
银川	宁夏	11	5	1.171 5	1.611 4
威海	山东	12	3	1.160 4	1.936 3
台州	浙江	13	4	1.157 2	1.743 3
北京	北京	14	3	1.072 2	2.494 1
上海	上海	15	3	1.028 1	2.425 3
深圳	广东	16	3	1.007 6	2.522 6
金华	浙江	17	7	0.947 3	1.467 6
青岛	山东	18	11	0.810 4	1.207 9
潍坊	山东	19	8	0.791 9	1.381 3
长沙	湖南	20	11	0.713 1	1.237 8
鄂尔多斯	内蒙古	21	9	0.684 9	1.309 6
济南	山东	22	15	0.679 4	1.031 4
乌鲁木齐	新疆	23	11	0.648 1	1.158 0
南京	江苏	24	7	0.643 9	1.425 6
昆明	云南	25	9	0.609 8	1.278 2
成都	四川	26	4	0.603 3	1.734 5
嘉兴	浙江	27	10	0.601 9	1.246 5
宜昌	湖北	28	11	0.528 9	1.193 5
广州	广东	29	5	0.402 1	1.526 4
沈阳	辽宁	30	12	0.389 8	1.149 3

续　表

城市	经济体	排名		得分	
		模拟前	模拟后	模拟前	模拟后
西安	陕西	31	20	0.375 4	0.715 5
株洲	湖南	32	14	0.365 6	1.084 3
香港	香港	33	2	0.363 8	2.548 2
太原	山西	34	5	0.279 2	1.647 9
西宁	青海	35	11	0.234 5	1.164 0
郑州	河南	36	17	0.227 6	0.970 5
泉州	福建	37	10	0.224 4	1.244 9
南宁	广西	38	14	0.211 7	1.108 7
常州	江苏	39	18	0.168 1	0.802 8
许昌	河南	40	11	0.165 4	1.234 2
无锡	江苏	41	14	0.131 7	1.061 7
岳阳	湖南	42	17	0.105 3	0.961 5
泰州	江苏	43	18	0.101 6	0.932 4
台中	台湾	44	3	0.086 7	1.755 5
大连	辽宁	45	23	0.074 8	0.646 9
淄博	山东	46	20	0.067 2	0.723 9
泰安	山东	47	18	0.066 3	0.819 6
福州	福建	48	20	0.036 3	0.704 5
东营	山东	49	20	0.019 6	0.743 4
苏州	江苏	50	14	0.009 9	1.133 8
大庆	黑龙江	51	18	0.005 2	0.867 2
高雄	台湾	52	3	−0.031 3	1.779 4
吉林	吉林	53	28	−0.081 8	0.536 0
淮南	江苏	54	20	−0.111 8	0.703 7
长春	吉林	55	20	−0.113 0	0.781 6
衡阳	湖南	56	25	−0.124 6	0.616 1
南昌	江西	57	18	−0.133 2	0.887 0
济宁	山东	58	28	−0.158 2	0.568 1
武汉	湖北	59	29	−0.171 0	0.479 3
惠州	广东	60	18	−0.175 4	0.903 5
中山	广东	61	18	−0.210 8	0.915 5

城市	经济体	排名		得分	
		模拟前	模拟后	模拟前	模拟后
南通	江苏	62	21	−0.238 7	0.694 4
芜湖	安徽	63	32	−0.293 7	0.364 8
榆林	陕西	64	29	−0.294 9	0.513 6
茂名	广东	65	25	−0.346 4	0.604 5
漳州	福建	66	19	−0.348 6	0.787 0
洛阳	河南	67	29	−0.351 7	0.443 5
贵阳	贵州	68	17	−0.352 8	0.977 3
临沂	山东	69	29	−0.366 0	0.509 2
温州	浙江	70	28	−0.372 2	0.578 6
天津	天津	71	28	−0.419 8	0.531 5
合肥	安徽	72	45	−0.422 4	0.079 0
包头	内蒙古	73	35	−0.477 9	0.236 5
镇江	江苏	74	32	−0.481 8	0.360 9
扬州	江苏	75	34	−0.537 6	0.335 4
海口	海南	76	28	−0.562 8	0.530 6
佛山	广东	77	23	−0.587 0	0.654 0
湛江	广东	78	28	−0.611 3	0.572 5
盐城	江苏	79	35	−0.635 7	0.262 7
襄阳	湖北	80	53	−0.684 7	−0.077 2
徐州	江苏	81	48	−0.745 6	0.038 7
咸阳	陕西	82	45	−0.745 7	0.069 4
南阳	河南	83	31	−0.787 8	0.374 2
江门	广东	84	29	−0.800 7	0.440 3
兰州	甘肃	85	29	−0.932 8	0.387 1
哈尔滨	黑龙江	86	33	−1.093 7	0.329 6
东莞	广东	87	20	−1.124 8	0.731 4
柳州	广西	88	57	−1.185 1	−0.145 7
唐山	河北	89	75	−1.272 0	−0.507 2
拉萨	西藏	90	3	−1.329 3	1.804 5
呼和浩特	内蒙古	91	39	−1.369 0	0.185 3

续　表

城市	经济体	排名		得分	
		模拟前	模拟后	模拟前	模拟后
德州	山东	92	61	−1.382 2	−0.215 9
滨州	山东	93	71	−1.580 5	−0.406 5
廊坊	河北	94	85	−1.589 6	−0.914 4
菏泽	山东	95	69	−1.601 8	−0.377 9
石家庄	河北	96	83	−1.822 5	−0.799 7
沧州	河北	97	78	−1.965 6	−0.619 9
保定	河北	98	85	−2.040 8	−0.914 1
聊城	山东	99	84	−2.087 8	−0.824 6
邯郸	河北	100	88	−2.167 9	−1.197 6

资料来源：亚洲竞争力研究所。

表 3.11 显示了社会文化状况的"假设"模拟结果。模拟后澳门在该大类下排名仍然最高。拉萨大幅上升了 87 位，在该大类下改善潜力最大。模拟后，拉萨的分数也得到了最大的提高，从 −1.329 3 到 3.104 5，提高了3.133 8 分。此外，东莞、呼和浩特、兰州、江门和南阳在模拟后显著地提高了 50 多位。

表 3.12　　　　　　　　　　**城市治理的"假设"模拟结果**

城市	经济体	排名		得分	
		模拟前	模拟后	模拟前	模拟后
嘉兴	浙江	1	1	1.782 0	1.782 0
绍兴	浙江	2	2	1.692 8	1.692 8
台州	浙江	3	3	1.596 0	1.596 0
金华	浙江	4	4	1.550 2	1.550 2
厦门	福建	5	4	1.486 7	1.549 1
遵义	贵州	6	6	1.365 6	1.365 6
宁波	浙江	7	7	1.342 9	1.342 9
温州	浙江	8	8	1.204 9	1.204 9
杭州	浙江	9	8	1.196 0	1.248 4
烟台	山东	10	10	1.128 0	1.189 5

城市	经济体	排名		得分	
		模拟前	模拟后	模拟前	模拟后
常德	湖南	11	6	1.073 4	1.413 5
泉州	福建	12	12	1.051 5	1.051 5
威海	山东	13	11	1.029 4	1.091 1
潍坊	山东	14	14	1.003 3	1.003 3
淮南	江苏	15	15	0.829 3	0.956 5
常州	江苏	16	15	0.825 4	0.953 0
南通	江苏	17	15	0.813 9	0.940 7
临沂	山东	18	18	0.797 0	0.797 0
无锡	江苏	19	15	0.770 3	0.897 6
泰州	江苏	20	15	0.750 9	0.878 4
泰安	山东	21	21	0.745 0	0.745 0
深圳	广东	22	18	0.674 1	0.795 8
漳州	福建	23	23	0.663 8	0.663 8
宜昌	湖北	24	24	0.630 4	0.630 4
淄博	山东	25	25	0.623 6	0.623 6
青岛	山东	26	24	0.570 7	0.632 8
南京	江苏	27	22	0.565 4	0.693 6
福州	福建	28	26	0.506 4	0.570 1
茂名	广东	29	26	0.478 1	0.599 8
济宁	山东	30	30	0.462 5	0.462 5
苏州	江苏	31	26	0.457 8	0.585 8
南宁	广西	32	28	0.456 0	0.522 3
上海	上海	33	21	0.400 7	0.744 2
西宁	青海	34	34	0.382 4	0.382 4
东营	山东	35	35	0.372 8	0.372 8
盐城	江苏	36	30	0.340 5	0.468 5
大庆	黑龙江	37	37	0.299 2	0.299 2
成都	四川	38	37	0.282 8	0.325 1
柳州	广西	39	37	0.244 3	0.310 7
南昌	江西	40	39	0.234 7	0.280 9
芜湖	安徽	41	33	0.207 5	0.403 0
昆明	云南	42	34	0.173 6	0.382 6
鄂尔多斯	内蒙古	43	29	0.170 4	0.499 0

城市	经济体	排名		得分	
		模拟前	模拟后	模拟前	模拟后
许昌	河南	44	39	0.137 3	0.274 2
合肥	安徽	45	37	0.136 9	0.332 5
湛江	广东	46	40	0.119 7	0.241 5
襄阳	湖北	47	47	0.098 9	0.098 9
德州	山东	48	48	0.098 4	0.098 4
佛山	广东	49	42	0.083 2	0.205 3
银川	宁夏	50	30	0.071 9	0.470 0
镇江	江苏	51	42	0.066 2	0.194 8
江门	广东	52	41	0.061 3	0.223 0
天津	天津	53	42	0.042 6	0.187 4
岳阳	湖南	54	34	0.040 9	0.387 7
扬州	江苏	55	44	0.032 6	0.161 1
济南	山东	56	56	0.024 3	0.024 3
北京	北京	57	29	0.011 1	0.493 1
咸阳	陕西	58	39	−0.005 4	0.271 2
东莞	广东	59	59	−0.027 4	−0.027 4
武汉	湖北	60	58	−0.049 9	−0.004 3
菏泽	山东	61	61	−0.059 6	−0.059 6
澳门	澳门	62	8	−0.079 1	1.230 1
徐州	江苏	63	44	−0.080 0	0.148 4
重庆	重庆	64	58	−0.087 1	0.002 2
株洲	湖南	65	36	−0.097 7	0.354 6
长沙	湖南	66	37	−0.152 2	0.300 2
衡阳	湖南	67	44	−0.208 9	0.138 7
聊城	山东	68	68	−0.216 4	−0.216 4
中山	广东	69	66	−0.222 9	−0.100 9
榆林	陕西	70	37	−0.248 1	0.300 9
滨州	山东	71	71	−0.257 0	−0.257 0
海口	海南	72	62	−0.263 1	−0.076 4
惠州	广东	73	66	−0.281 8	−0.114 6
乌鲁木齐	新疆	74	37	−0.321 0	0.302 6
贵阳	贵州	75	66	−0.329 3	−0.106 2
南阳	河南	76	76	−0.339 1	−0.339 1

续 表

城市	经济体	排名		得分	
		模拟前	模拟后	模拟前	模拟后
大连	辽宁	77	33	−0.349 5	0.408 0
沈阳	辽宁	78	53	−0.366 1	0.053 0
包头	内蒙古	79	60	−0.387 7	−0.052 9
洛阳	河南	80	66	−0.416 9	−0.150 6
郑州	河南	81	66	−0.460 5	−0.148 7
广州	广东	82	82	−0.693 9	−0.480 2
沧州	河北	83	83	−0.715 9	−0.715 9
长春	吉林	84	67	−0.717 6	−0.169 1
唐山	河北	85	82	−0.741 8	−0.606 7
吉林	吉林	86	59	−0.792 9	−0.034 9
西安	陕西	87	74	−0.869 4	−0.325 5
太原	山西	88	74	−1.037 2	−0.296 9
拉萨	西藏	89	38	−1.139 7	0.290 2
石家庄	河北	90	82	−1.205 7	−0.568 1
兰州	甘肃	91	82	−1.272 5	−0.698 3
邯郸	河北	92	81	−1.282 2	−0.442 4
廊坊	河北	93	74	−1.360 6	−0.314 4
保定	河北	94	82	−1.374 8	−0.529 2
哈尔滨	黑龙江	95	42	−1.457 8	0.162 5
台北	台湾	96	45	−1.567 9	0.133 5
呼和浩特	内蒙古	97	44	−1.628 5	0.146 1
台中	台湾	98	57	−3.061 9	−0.022 6
高雄	台湾	99	57	−3.286 7	−0.012 5
香港	香港	100	75	−4.743 4	−0.379 3

资料来源：亚洲竞争力研究所。

表 3.12 显示了城市治理的"假设"模拟结果。嘉兴排名仍然为最高。澳门在该大类下改善潜力最大，因为它的排名在模拟后显著地上升了 54 位。同时，香港的得分得到了最大的提升，从−4.743 4 上升到−0.379 3，上升了 4.364 1。另外，尽管烟台和淮安等几座城市模拟后的排名没有任何提高，但它们的分数却有所提高。

本质上,烟台除了在经济活力与竞争力大类下,在所有环境下表现得都相当不错。经济活力与竞争力的大类下烟台在 100 座中国城市中排名第 43。然而,2019 年 9 月,国家发展和改革委员会宣布了首批 66 个国家级战略新兴产业集群,其中烟台的先进结构材料和生物医学产业群成功入选。入选意味着烟台可以享受中央政府的优惠政策,包括资金支持和指定专家帮助烟台产业发展,从而促进其经济发展。

虽然香港在经济活力与竞争力大类方面表现出显著的实力,但在内部安全稳定大类和城市治理大类表现不佳,在这两个大类下排名垫底。其主因是当前的香港社会不稳定。台中、高雄这样的城市在地区安全与稳定大类和城市治理大类表现得亦不佳。

总结以上情况可以发现,逾半数的前 10 大城市(烟台、威海、遵义、常德和绍兴)在经济活力与竞争力大类下排名低于 30。这表明,经济竞争力并非是城市宜居性的单个决定性因素。相比之下,一个在其他各方面全面发展的城市往往在整体宜居性排名中获得更好的地位。以烟台为例,虽然经济活力与竞争力大类下排名为第 43,却因其在其他四个大类下良好的得分和排名而在整体宜居性排名上居首位。

另一个有趣的视角是比较不同环境中某些城市的排名,例如,"经济活力与竞争力"和"环保与可持续性"的对比。同时存在于这两个大类下的排名前十的城市,只有台中。特别的,4 座内地一线城市中有 3 座(上海、广州和深圳)的环保与可持续排名均在 30 位之外,即使这些城市在经济活力与竞争力排名中排名前十。

这种反差和不相容似乎表明,需要在经济发展和环境保护之间取得平衡。如果没有这种平衡,一座城市的宜居性就会受到质疑,以至于其居民的健康,甚至福祉都处于危险之中。

最后,需要注意的是,"假设"模拟是通过将每座城市 20% 的最弱指标提高到 CLCI 中所有城市的平均值得出的。这些指标彰显出每座城市在指数中的优势和劣势,并允许决策者制定适当的法规,以在应对挑战的同时利用其优势。

　　"假设"模拟还表明,如果城市设法解决其最弱的指标,它们能够在排名和指数得分方面取得重大进展。"假设"模拟显示许多城市在整体指数和每个大类中都取得了显著改善。例如,像哈尔滨、香港、台中和高雄这样排名垫底的城市的进步潜力最大,因为这些城市在排名和得分上有着最大的进步。

　　同时,如果排名靠前的城市关注其特定的薄弱环节,它们同样拥有着巨大的改善潜力。像香港、澳门这样的城市如果关注了地区安全与稳定和环保与可持续,就有可能取得实质性的进展。虽然有些城市在模拟之后没有表现出排名的上升,但是它们在得分上仍然得到了改善。

第4章　关于城市宜居模式的进一步分析

第3章分别从整体和大类的角度出发对宜居性排名和得分进行了探讨,同时还给出了"假设"分析的模拟排名和得分。本章将从两个方面进一步深化对宜居性的分析。在4.1节中,通过改善与城市宜居性息息相关的三类指标(地区安全、基础设施、交通运输),我们分别做了两项模拟研究。这些研究为本书后续的相关章节铺平了道路。4.2节则根据2014年和2019年的调查数据,提供了基于市民视角的宜居城市排名和得分①。这份排名与第3章中讨论的2019年CLCI结果大不相同;此外,该研究还揭示了市民在不同时期的感知之间的显著差异。

4.1　关于宜居性影响因素的两项模拟研究

如第2章所述,通常的"假设"模拟是一个两阶段算法,首先识别每座城市表现最差的20%的指标,然后在所识别的指标范围内改进那些得分低于100座城市平均值的指标。本节旨在利用"假设"模拟来探讨某几类因素对宜居性的影响。这些因素可分为(1)地区安全和(2)基础设施与交通运输两类。为此,4.1.1节和4.1.2节中的模拟分析通过选择仅与上述两个主题相关的指标作为识别阶段的指标范围。这些调整后的"假设"分析将为第5章更深入的政策分析提供研究基础。第5章将对纽约、伦敦、东京、新加坡、

---

① 关于2014年进行的宜居性调查的更多信息,请参见 Tan、Nie 和 Baek(2017)。

香港和上海的宜居性和交通发展进行细致地分析。

4.1.1 关于地区安全因素的"假设"模拟

表4.1列出了与地区安全有关的指标,所有这些指标都是从地区安全与稳定大类中筛选出来的。该模拟同时使用了调查数据和硬数据。

表 4.1 地区安全类指标列表

序号	指　标	单位
3.1.01	警察服务满意度(调查)	评分
3.2.01	每十万人平均火灾事故次数	次
3.2.02	人均火灾事故直接损失	元
3.2.03	每十万人交通事故死亡人数	人
3.2.04	人均交通事故直接损失	元
3.2.05	人均自然灾害直接损失	元
3.3.01	安全感(调查)	评分
3.3.02	政府公共安全支出	万元/人

资料来源:亚洲竞争力研究所和上海社会科学院。

如表4.2所示,尽管在此模拟中使用的指标数量有限,但仍有几座城市表现出了显著的排名变化。值得注意的是,模拟过后香港、台中和高雄分别提高了38、37和31位。从地区安全来看,这三座城市在相应大类中的排名和得分比其他城市相对较弱,因此还有很多改进的余地。香港较低的得分和排名可能是由于2019年6月以来的社会动荡,而本研究的电话调查刚好赶在了这一时间段上。

特别值得一提的是,相较于其他城市的居民,香港居民对警察服务的满意度更差,并且感到更不安全。按0到10的尺度评分,香港居民对警察服务和安全感的平均评分分别为5.44和7.38,远低于全体样本均值的7.83和8.68。台中和高雄同样在这两个指标上得分较低。台中在警察服务和安全感两个指标上的平均得分分别为6.62和7.22,高雄在两个指标上的平均得分分别为6.67和7.27。

在大陆城市中,贵阳和乌鲁木齐是模拟前后排名上升最快的两座城市,贵阳市从第 65 位上升到了第 39 位,乌鲁木齐从第 66 位上升到第 44 位。然而,尽管丰富的自然资源会促进这些城市的发展,但同时这些资源也使得它们易于遭受自然灾害的负面冲击,从而导致指标表现不佳。此外,交通事故死亡人数和安全感是贵阳的另外两个表现较差的指标,而乌鲁木齐则受火灾事故损失的影响非常大。

　　另一个有趣的发现是,经过模拟之后的 100 座城市都发生了普遍的分数提升。由于该模拟的指标选取是基于主题而不是得分表现的,而模拟前后没有一座城市的得分是保持不变的,这说明中国全部 100 座城市都至少有一个或多个地区安全指标可以进一步提高。中国城市在模拟前后这种普遍一致的表现,至少在一定程度上表明了地区安全是一个值得在后续章节中讨论的话题。

表 4.2　　　　　　　　　　改善地区安全指标后的排名和得分

城市	经济体	排名		得分	
		模拟前	模拟后	模拟前	模拟后
烟台	山东	1	1	2.155 0	2.233 4
澳门	澳门	2	1	1.887 8	2.493 2
厦门	福建	3	2	1.802 6	1.949 7
威海	山东	4	3	1.797 2	1.876 8
北京	北京	5	3	1.727 7	1.876 5
深圳	广东	6	6	1.688 6	1.700 9
遵义	贵州	7	1	1.627 9	2.145 6
常德	湖南	8	7	1.558 1	1.660 7
上海	上海	9	9	1.485 6	1.498 5
绍兴	浙江	10	6	1.333 2	1.680 5
金华	浙江	11	7	1.284 6	1.632 1
嘉兴	浙江	12	8	1.240 4	1.588 2
台州	浙江	13	8	1.203 1	1.552 6
青岛	山东	14	12	1.186 9	1.268 0
威海	山东	15	12	1.179 8	1.260 7
杭州	浙江	16	10	1.025 5	1.377 3
宁波	浙江	17	12	0.901 7	1.254 7

城市	经济体	排名		得分	
		模拟前	模拟后	模拟前	模拟后
泉州	福建	18	17	0.819 7	0.937 3
台北	台湾	19	10	0.808 4	1.416 7
无锡	江苏	20	18	0.808 2	0.888 6
南通	江苏	21	18	0.807 7	0.888 2
鄂尔多斯	内蒙古	22	17	0.799 8	1.016 6
西宁	青海	23	16	0.781 4	1.100 9
泰安	山东	24	19	0.733 9	0.815 6
重庆	重庆	25	24	0.722 5	0.770 9
常州	江苏	26	24	0.670 2	0.751 0
昆明	云南	27	24	0.535 2	0.747 3
漳州	福建	28	27	0.526 7	0.617 1
泰州	江苏	29	27	0.509 3	0.590 1
银川	宁夏	30	24	0.463 2	0.751 5
南京	江苏	31	28	0.444 8	0.525 7
南宁	广西	32	29	0.435 8	0.508 9
苏州	江苏	33	29	0.429 3	0.510 4
淮安	江苏	34	29	0.428 8	0.509 7
济宁	山东	35	30	0.424 2	0.506 3
成都	四川	36	30	0.366 4	0.467 9
株洲	湖南	37	30	0.360 1	0.466 3
福州	福建	38	33	0.298 3	0.428 2
淄博	山东	39	38	0.262 8	0.344 8
临沂	山东	40	38	0.250 3	0.332 5
岳阳	湖南	41	38	0.244 9	0.350 5
惠州	广东	42	33	0.238 8	0.433 3
温州	浙江	43	27	0.233 1	0.588 6
拉萨	西藏	44	42	0.209 0	0.239 7
江门	广东	45	40	0.199 7	0.257 9
湛江	广东	46	42	0.177 0	0.240 1
茂名	广东	47	44	0.170 0	0.209 4
扬州	江苏	48	40	0.169 7	0.252 2
东营	山东	49	40	0.165 3	0.254 8
盐城	江苏	50	44	0.127 5	0.208 5

城市	经济体	排名		得分	
		模拟前	模拟后	模拟前	模拟后
许昌	河南	51	40	0.117 1	0.257 6
济南	山东	52	46	0.096 4	0.178 6
长沙	湖南	53	46	0.020 2	0.178 9
武汉	安徽	54	40	−0.047 6	0.252 0
海口	海南	55	40	−0.108 6	0.257 3
镇江	江苏	56	54	−0.113 6	−0.031 3
佛山	广东	57	55	−0.134 9	−0.048 4
东莞	广东	58	47	−0.137 9	0.167 8
中山	广东	59	53	−0.146 0	0.044 3
南昌	江西	60	53	−0.228 4	0.024 2
徐州	江苏	61	57	−0.231 1	−0.130 6
大连	辽宁	62	52	−0.234 9	0.102 3
洛阳	河南	63	55	−0.273 7	−0.072 3
郑州	河南	64	57	−0.286 4	−0.126 7
贵阳	贵州	65	39	−0.296 4	0.270 9
乌鲁木齐	新疆	66	44	−0.309 1	0.207 1
德州	山东	67	61	−0.311 9	−0.229 8
广州	广东	68	55	−0.341 1	−0.052 2
天津	天津	69	54	−0.435 8	−0.024 9
大庆	黑龙江	70	60	−0.455 6	−0.211 2
衡阳	湖南	71	68	−0.462 7	−0.337 5
合肥	安徽	72	60	−0.483 4	−0.168 6
柳州	广西	73	73	−0.599 4	−0.490 1
襄阳	陕西	74	69	−0.616 0	−0.428 7
包头	内蒙古	75	66	−0.617 3	−0.313 4
榆林	陕西	76	73	−0.674 5	−0.519 9
聊城	山东	77	76	−0.738 4	−0.631 9
滨州	山东	78	76	−0.747 7	−0.623 5
菏泽	山东	79	76	−0.773 1	−0.651 2
南阳	河南	80	74	−0.859 6	−0.609 4
沈阳	辽宁	81	73	−0.867 1	−0.524 0
武汉	湖北	82	63	−0.882 7	−0.247 3
长春	吉林	83	69	−0.907 3	−0.379 4

城市	经济体	排名		得分	
		模拟前	模拟后	模拟前	模拟后
吉林市	吉林	84	69	−0.908 3	−0.413 8
宜昌	湖北	85	73	−0.995 4	−0.532 4
西安	陕西	86	77	−1.018 7	−0.693 9
太原	山西	87	73	−1.143 3	−0.605 3
高雄	台湾	88	57	−1.161 1	−0.141 2
襄阳	湖北	89	80	−1.255 6	−0.861 8
沧州	河北	90	87	−1.423 1	−1.111 9
台中	台湾	91	54	−1.445 0	−0.028 7
廊坊	河北	92	87	−1.494 9	−1.067 2
呼和浩特	内蒙古	93	85	−1.567 5	−0.931 0
香港	香港	94	56	−1.846 1	−0.116 3
石家庄	河北	95	90	−1.859 6	−1.365 4
兰州	甘肃	96	94	−2.008 7	−1.601 1
唐山	河北	97	94	−2.014 1	−1.619 3
保定	河北	98	94	−2.149 4	−1.701 0
邯郸	河北	99	94	−2.153 5	−1.736 9
哈尔滨	黑龙江	100	91	−2.175 3	−1.461 8

资料来源：亚洲竞争力研究所和上海社会科学院。

4.1.2　关于基础设施和交通运输因素的"假设"模拟

如表 4.3 所示,该模拟采用了(1)基础设施和(2)住房和生活环境子类别的指标。该模拟同时使用了调查数据和硬数据。

表 4.3　　　　　　　　基础设施和交通运输类指标列表

序号	指　标	单位
1.3.01	人均互联网用户数	人
1.3.02	人均移动电话用户数	人
1.3.03	每百户城市家庭拥有电脑数	台
1.3.04	道路密度	千米/平方公里
1.3.05	人均公路客运量	人

续　表

序号	指　　标	单位
1.3.06	人均铁路客运量	人
1.3.07	人均水路客运量	人
1.3.08	人均民航客运量	人
1.3.09	供水管道密度	千米/平方公里
1.3.10	燃气普及率	百分比
1.3.11	用水普及率	百分比
4.3.03	每万人拥有公共汽车数	辆
4.3.04	每万人年末实有出租汽车数	辆
4.3.05	每万人拥有私人汽车数	辆
4.3.09	公共交通方便程度(调查)	评分
4.3.10	公共交通收费(调查)	评分

资料来源：亚洲竞争力研究所和上海社会科学院。

如表 4.4 所示,大多数城市在模拟之后得到的改善微乎其微。这个结果表明这 100 座中国城市的基础设施建设状况普遍较好。经过模拟,排名提升超过 10 位的城市只有许昌和盐城。许昌的排名从第 51 位提升到第 39 位,盐城的排名从第 50 位提高到第 40 位。这两座城市的政府部门应该努力提高用水普及率、燃气普及率和人均移动电话用户数等指标。在公众对公共交通的满意度方面,调查结果显示常州、烟台和威海排名前三,在 0 到 10 分的评分尺度下平均得分分别为 8.72、8.68 和 8.63。另一方面,哈尔滨、高雄和呼和浩特是排名最低的三座城市,平均得分分别为 6.17、6.70 和 6.79。这个指标在全样本下的平均得分为 7.95。

类似地,烟台、常州和威海的居民对公共交通收费的满意度最高,平均得分分别为 9.09、9.05 和 8.91。另一方面,香港、澳门和高雄的公共交通收费很高,评分分别只有 5.59、6.51 和 7.19。尽管香港、澳门和台湾有更为先进的基础设施,但伴随而来的较高的生活成本反而产生了负面影响。从全体城市来看,该指标的平均得分是 8.14。

经过模拟后,尽管有 25 座城市的排名没有提高,但全部 100 座城市的得分都提高了。这不仅表明,对所有城市来说表 4.3 中的指标所衡量的基础设施建设水平都有改善的空间,而且还让我们意识到基础设施和交通建设都是值得进一步探讨的话题。

表 4.4　　　改善基础设施和交通运输指标后的排名和得分

城市	经济体	排名		得分	
		之前	之后	之前	之后
烟台	山东	1	1	2.155 0	2.233 9
澳门	澳门	2	2	1.887 8	1.979 3
厦门	福建	3	3	1.802 6	1.805 4
威海	山东	4	3	1.797 2	1.835 3
北京	北京	5	5	1.727 7	1.741 5
深圳	广东	6	6	1.688 6	1.697 0
遵义	贵州	7	5	1.627 9	1.783 0
常德	湖南	8	6	1.558 1	1.706 4
上海	上海	9	9	1.485 6	1.511 1
绍兴	浙江	10	10	1.333 2	1.391 8
金华	浙江	11	10	1.284 6	1.379 5
嘉兴	浙江	12	11	1.240 4	1.319 5
台州	浙江	13	11	1.203 1	1.282 7
青岛	山东	14	13	1.186 9	1.209 7
威海	山东	15	11	1.179 8	1.303 5
杭州	浙江	16	16	1.025 5	1.031 3
宁波	浙江	17	17	0.901 7	0.944 0
泉州	福建	18	17	0.819 7	0.930 8
台北	台湾	19	18	0.808 4	0.831 7
无锡	江苏	20	18	0.808 2	0.832 0
南通	江苏	21	18	0.807 7	0.892 4
鄂尔多斯	内蒙古	22	17	0.799 8	0.917 3
西宁	青海	23	18	0.781 4	0.853 7
泰安	山东	24	18	0.733 9	0.865 2
重庆	重庆	25	23	0.722 5	0.794 0
常州	江苏	26	26	0.670 2	0.690 6

续　表

城市	经济体	排名		得分	
		之前	之后	之前	之后
昆明	云南	27	27	0.535 2	0.592 3
漳州	福建	28	26	0.526 7	0.672 8
泰州	江苏	29	27	0.509 3	0.609 5
银川	宁夏	30	30	0.463 2	0.507 4
南京	江苏	31	31	0.444 8	0.458 5
南宁	广西	32	30	0.435 8	0.490 2
苏州	江苏	33	30	0.429 3	0.464 3
淮安	江苏	34	28	0.428 8	0.532 6
济宁	山东	35	27	0.424 2	0.562 0
成都	四川	36	36	0.366 4	0.405 5
株洲	湖南	37	30	0.360 1	0.471 8
福州	福建	38	38	0.298 3	0.341 5
淄博	山东	39	38	0.262 8	0.332 1
临沂	山东	40	36	0.250 3	0.381 6
岳阳	湖南	41	36	0.244 9	0.396 3
惠州	广东	42	38	0.238 8	0.315 7
温州	浙江	43	38	0.233 1	0.313 9
拉萨	西藏	44	38	0.209 0	0.307 5
江门	广东	45	38	0.199 7	0.298 4
湛江	广东	46	38	0.177 0	0.339 7
茂名	广东	47	38	0.170 0	0.356 4
扬州	江苏	48	41	0.169 7	0.244 8
东营	山东	49	44	0.165 3	0.216 5
盐城	江苏	50	40	0.127 5	0.255 2
许昌	河南	51	39	0.117 1	0.272 2
济南	山东	52	50	0.096 4	0.144 0
长沙	湖南	53	53	0.020 2	0.049 7
武汉	安徽	54	53	−0.047 6	0.040 7
海口	海南	55	55	−0.108 6	−0.059 9
镇江	江苏	56	54	−0.113 6	−0.042 9
佛山	广东	57	55	−0.134 9	−0.067 1
东莞	广东	58	55	−0.137 9	−0.056 8
中山	广东	59	55	−0.146 0	−0.072 2

续　表

城市	经济体	排名		得分	
		之前	之后	之前	之后
南昌	江西	60	60	−0.228 4	−0.174 4
徐州	江苏	61	57	−0.231 1	−0.129 9
大连	辽宁	62	60	−0.234 9	−0.179 8
洛阳	河南	63	60	−0.273 7	−0.165 4
郑州	河南	64	63	−0.286 4	−0.247 9
贵阳	贵州	65	60	−0.296 4	−0.221 4
乌鲁木齐	新疆	66	63	−0.309 1	−0.251 2
德州	山东	67	60	−0.311 9	−0.165 4
广州	广东	68	68	−0.341 1	−0.329 3
天津	天津	69	69	−0.435 8	−0.390 7
大庆	黑龙江	70	69	−0.455 6	−0.375 6
衡阳	湖南	71	65	−0.462 7	−0.296 3
合肥	安徽	72	69	−0.483 4	−0.424 5
柳州	广西	73	73	−0.599 4	−0.501 5
襄阳	陕西	74	70	−0.616 0	−0.454 6
包头	内蒙古	75	73	−0.617 3	−0.528 2
榆林	陕西	76	73	−0.674 5	−0.544 8
聊城	山东	77	73	−0.738 4	−0.588 6
滨州	山东	78	76	−0.747 7	−0.628 0
菏泽	山东	79	73	−0.773 1	−0.589 1
南阳	河南	80	77	−0.859 6	−0.678 9
沈阳	辽宁	81	80	−0.867 1	−0.810 7
武汉	湖北	82	80	−0.882 7	−0.845 3
长春	吉林	83	80	−0.907 3	−0.826 4
吉林市	吉林	84	80	−0.908 3	−0.821 0
宜昌	湖北	85	83	−0.995 4	−0.897 5
西安	陕西	86	85	−1.018 7	−0.974 4
太原	山西	87	87	−1.143 3	−1.112 9
高雄	台湾	88	87	−1.161 1	−1.050 2
襄阳	湖北	89	87	−1.255 6	−1.132 3
沧州	河北	90	90	−1.423 1	−1.284 6

续　表

城市	经济体	排名		得分	
		之前	之后	之前	之后
台中	台湾	91	90	−1.445 0	−1.349 5
廊坊	河北	92	90	−1.494 9	−1.386 7
呼和浩特	内蒙古	93	91	−1.567 5	−1.435 2
香港	香港	94	94	−1.846 1	−1.736 3
石家庄	河北	95	94	−1.859 6	−1.768 2
兰州	甘肃	96	96	−2.008 7	−1.909 0
唐山	河北	97	96	−2.014 1	−1.910 0
保定	河北	98	96	−2.149 4	−1.998 3
邯郸	河北	99	96	−2.153 5	−2.000 9
哈尔滨	黑龙江	100	96	−2.175 3	−2.012 6

资料来源：亚洲竞争力研究所和上海社会科学院。

4.2　基于市民主观感受的城市宜居性排名

让城市变得更加宜居是当今时代城市发展的三大目标之一[①]（UN，2010）。宜居城市的核心理念是以人为本（吴良镛，1996）。因此，衡量城市的宜居性不仅要考察城市宜居性建设的客观表征，也必须重视城市居民的主观感受和评价。

市民对城市宜居性的主观评价可以直接反映出一座城市的宜居性建设带给其居民的实际感受是怎样的，是对城市宜居性客观度量的充分补充。通过对居民的问卷调查数据进行分析，我们可以得到直接反映居民心里感受的宜居性主观评价得分及相关分析结果。将宜居性的主观评价结果与第3章中的综合宜居性评价结果进行对比，可以观察到人们心目中的城市宜居性与客观现实之间的差异，从而为宜居城市建设及政策设计与改进提供具有现实意义的参考借鉴。

本研究结构安排如下：4.2.1节详细介绍了排名计算方法。4.2.2节

_____

① 另外两大目标是建设可持续发展和和谐城市。

对本研究使用的 2019 年调查数据进行了一些描述性统计。4.2.3 节给出了城市宜居性主观评价(PBCLCI)的排名结果,并与 2019 年综合宜居性评价 CLCI 结果进行了对比。最后,4.2.4 节比较了 2014 年与 2019 年的城市宜居性主观评价得分及排名的变化,揭示了这 100 座城市在居民心目中的评价随时间发生了哪些变化。

4.2.1 排名的计算法则

表 4.5 给出了问卷调查的问题及对应的主观评价指标和大类。在调查问卷中,受访者对每个问题进行打分,每个问题均采用 10 分制,共计 30 个问题,因此每份问卷的总得分范围为 0—300 分。

表 4.5 问卷问题及对应的评价指标和大类

大类		指 标	问 题
经济活力与竞争力	1.1.08	经济发展满意度(调查)	您给(所调查城市)的经济发展情况打几分?
环保与可持续性	2.1.06	空气质量满意度(调查)	您给(所调查城市)的空气质量打几分?
	2.2.02	自然环境满意度(调查)	您给(所调查城市)的自然环境打几分?
地区安全与稳定	3.1.01	警察服务满意度(调查)	您对(所调查城市)的警察服务满意吗?
	3.3.01	安全感(调查)	在(所调查城市)生活,您觉得安全吗?
社会文化状况	4.1.06	医疗服务满意度(调查)	您给(所调查城市)的医疗服务的满意度打几分?
	4.1.07	医疗便捷程度(调查)	您给(所调查城市)的就医便捷程度满意度打几分?
	4.1.09	公厕便捷与清洁度(调查)	您给(所调查城市)公共厕所的便捷与清洁程度打几分?
	4.2.08	教育质量满意度(调查)	您对子女所在学校的教学质量打几分?
	4.2.09	教育负担能力(调查)	您认为教育负担重吗?

大类	指　　标	问　　题
社会文化状况	4.3.07　居住条件满意度（调查）	您对于目前的居住条件满意度打几分？
	4.3.08　住房负担能力（调查）	您的家庭能负担得起住房方面的开销吗？
	4.3.09　公共交通方便程度（调查）	您给（所调查城市）的公共交通方便程度打几分？
	4.3.10　公共交通收费满意度（调查）	您对（所调查城市）公共交通的收费满意吗？
	4.3.11　自来水质量满意度（调查）	您给（所调查城市）的自来水水质打几分？
	4.3.12　食品安全（调查）	您给（所调查城市）的食品安全打几分？
	4.3.13　购物便捷程度（调查）	您对（所调查城市）的购物便捷程度的满意度？
	4.3.14　休闲娱乐满意度（调查）	您对（所调查城市）的休闲娱乐的满意度？
	4.3.15　生活压力（调查）	您在（所调查城市）的生活压力大吗？
	4.4.06　收入差距（调查）	您对（所调查城市）的收入差距大吗？
	4.5.01　对外来人口友善程度（调查）	您认为（所调查城市）对待外来人口友善吗？
	4.5.02　对不同信仰的包容度（调查）	（所调查城市）能够包容不同的信仰吗？
城市治理	5.1.03　政府办事效率（调查）	您给（所调查城市）市政府的办事效率打几分？
	5.1.04　城管服务（调查）	您对（所调查城市）的城管服务满意吗？
	5.1.05　政府服务质量（调查）	您给（所调查城市）市政府的服务质量打几分？
	5.2.04　司法公正（调查）	您给（所调查城市）的司法公正打几分？
	5.3.01　政府信息公开（调查）	您给（所调查城市）市政府的行政信息公开情况打几分？

大类	指　标		问　题
城市治理	5.3.02	政府政策落实(调查)	您对(所调查城市)市政府的政策落实情况满意吗？
	5.4.01	政府清廉程度(调查)	您给(所调查城市)市政府的清廉程度打几分？
	5.4.02	反腐满意度(调查)	您给(所调查城市)市政府的反腐力度打几分？

资料来源：亚洲竞争力研究所和上海社会科学院。

　　假设共有 N 座被调查城市,第 $i(i=1, 2, \cdots, N)$ 座城市的有效问卷数量为 M_i。我们将问卷总得分换算为 100 分制,换算后的问卷总得分即为每份问卷的城市宜居性主观评价得分,记为 S_{ij}, S_{ij} 为第 $i(i=1, 2, \cdots, N)$ 座城市第 $j(j=1, 2, \cdots, M_i)$ 份问卷的总得分。则第 i 座城市的宜居性主观评价得分为

$$\bar{S}_i = \frac{1}{M_i} \sum_{j=1}^{M_i} S_{ij}, \ (i=1, 2, \cdots, N)$$

　　得分高的城市排在得分低的城市前面,得分最高的城市为市民心目中宜居性水平最高的城市。对 $\bar{S}_i$ 进行排序即可得到 100 座城市的宜居性主观评价排名。

4.2.2　样本统计特征描述

　　样本总量共计 32 000 份,其中有效样本数量为 31 502 份,有效样本占比为 98.44%。样本数据的克隆巴赫系数(Cronbach's Alpha)值为0.947 0,说明样本数据可靠性比较强。样本基本属性的统计学特征见表 4.6。

表 4.6　　　　　　　　　2019 年有效样本的基本属性及统计学特征

基本属性	特征	有效样本数	有效样本占比（%）
年龄	18—29 岁	10 929	34.7
	30—39 岁	9 895	31.4
	40—49 岁	5 480	17.4
	50—59 岁	3 291	10.4
	60 岁及以上	1 907	6.1
性别	男	18 166	57.7
	女	13 336	42.3
户口状态	是本地户口	23 162	73.5
	不是本地户口	8 340	26.5
户口性质	城镇户口	18 899	60
	不是城镇户口	12 603	40
受教育程度	小学及以下	1 289	4.1
	初中	4 792	15.2
	高中和中专	8 075	25.6
	大专及以上	17 346	55.1
就业状况	政府、事业单位或国企	7 316	23.2
	私营企业	14 693	46.7
	离退休	1 551	4.9
	下岗或失业	1 822	5.8
	学生	2 610	8.3
	其他	3 510	11.1
收入状况	月薪低于 5 000 元	15 720	49.9
	月薪位于 5 000—10 000 元之间	11 675	37.1
	月薪高于 10 000 元	4 107	13

资料来源：亚洲竞争力研究所和上海社会科学院。

4.2.3　城市宜居性主观评价排名

表 4.7 至表 4.12 列出了 100 座城市的宜居性主观评价排名及得分。表格按如下顺序排列：第一张表格列出了总体的排名及得分，后续表格按照表 4.5 中大类的顺序分别对城市的宜居性主观评价进行了排名。

表 4.7   中国 100 座城市宜居性主观评价总得分及排名

排名	城市	经济体	得分	排名	城市	经济体	得分
1	遵义	贵州	79.332 3	51	南昌	江西	72.531 6
2	常德	湖南	78.865 0	52	扬州	江苏	72.509 6
3	烟台	山东	78.640 0	53	重庆	重庆	72.363 9
4	台州	浙江	77.558 7	54	乌鲁木齐	新疆	72.222 2
5	威海	山东	77.382 3	55	合肥	安徽	72.187 5
6	厦门	福建	77.375 9	56	洛阳	河南	72.180 6
7	金华	浙江	77.173 0	57	拉萨	西藏	72.012 5
8	绍兴	浙江	77.121 4	58	江门	广东	71.955 1
9	嘉兴	浙江	76.268 8	59	南阳	河南	71.950 4
10	潍坊	山东	76.145 6	60	镇江	江苏	71.838 1
11	宁波	浙江	76.119 9	61	大庆	黑龙江	71.604 2
12	泉州	福建	76.032 7	62	济南	山东	71.587 5
13	宜昌	湖北	75.526 4	63	德州	山东	71.473 6
14	青岛	山东	75.020 0	64	海口	海南	71.360 4
15	许昌	河南	75.002 1	65	郑州	河南	71.308 9
16	杭州	浙江	74.868 4	66	惠州	广东	71.285 3
17	株洲	湖南	74.773 6	67	徐州	江苏	71.199 2
18	常州	江苏	74.756 6	68	贵阳	贵州	71.195 1
19	泰安	山东	74.730 1	69	佛山	广东	71.166 1
20	岳阳	湖南	74.698 9	70	中山	广东	70.685 6
21	漳州	福建	74.536 1	71	武汉	湖北	70.656 3
22	泰州	江苏	74.458 9	72	滨州	山东	70.581 5
23	淮安	江苏	74.340 7	73	菏泽	山东	70.477 1
24	济宁	山东	74.199 6	74	咸阳	陕西	70.422 4
25	南通	江苏	74.164 0	75	天津	天津	69.912 2
26	鄂尔多斯	内蒙古	74.112 2	76	大连	辽宁	69.801 7
27	无锡	江苏	74.105 5	77	聊城	山东	69.779 9
28	临沂	山东	74.054 7	78	北京	北京	69.657 3
29	南宁	广西	74.047 0	79	吉林	吉林	69.586 0
30	福州	福建	73.890 7	80	东莞	广东	69.432 1
31	芜湖	安徽	73.666 7	81	西安	陕西	69.320 6
32	温州	浙江	73.648 7	82	包头	内蒙古	69.213 3
33	淄博	山东	73.627 8	83	沈阳	辽宁	69.143 8
34	成都	四川	73.438 2	84	唐山	河北	69.100 8

续　表

排名	城市	经济体	得分	排名	城市	经济体	得分
35	衡阳	湖南	73.201 7	85	广州	广东	68.913 8
36	西宁	青海	73.184 6	86	沧州	河北	68.596 0
37	昆明	云南	73.080 7	87	廊坊	河北	68.152 4
38	南京	江苏	73.080 2	88	长春	吉林	67.989 4
39	深圳	广东	72.942 9	89	澳门	澳门	67.662 3
40	长沙	湖南	72.914 3	90	太原	山西	67.031 2
41	榆林	陕西	72.901 0	91	邯郸	河北	66.861 8
42	东营	山东	72.898 4	92	石家庄	河北	66.576 1
43	茂名	广东	72.874 7	93	兰州	甘肃	66.477 7
44	盐城	江苏	72.788 0	94	保定	河北	66.475 1
45	上海	上海	72.775 4	95	台北	台湾	65.786 6
46	银川	宁夏	72.737 7	96	呼和浩特	内蒙古	64.812 2
47	柳州	广西	72.650 8	97	哈尔滨	黑龙江	63.408 3
48	苏州	江苏	72.635 9	98	台中	台湾	61.505 9
49	襄阳	湖北	72.609 5	99	高雄	台湾	61.038 8
50	湛江	广东	72.596 4	100	香港	香港	56.420 5

资料来源：亚洲竞争力研究所和上海社会科学院。

表 4.8　　中国 100 座城市经济活力与竞争力主观评价得分及排名

排名	城市	经济体	得分	排名	城市	经济体	得分
1	深圳	广东	87.333 3	51	徐州市	江苏	78.522 0
2	上海	上海	86.459 6	52	盐城市	江苏	78.259 5
3	泉州	福建	85.759 5	53	湛江市	广东	78.178 9
4	宁波	浙江	84.826 5	54	西宁市	青海	78.038 0
5	常德	湖南	84.177 2	55	泰州市	江苏	78.019 5
6	成都	四川	84.174 5	56	茂名市	广东	77.993 6
7	杭州	浙江	84.108 3	57	南阳市	河南	77.436 7
8	苏州	江苏	84.044 6	58	威海市	山东	77.284 3
9	遵义	贵州	84.031 3	59	拉萨市	西藏	77.125 0
10	烟台	山东	83.897 8	60	洛阳市	河南	77.115 4
11	台州	浙江	83.616 4	61	南昌市	江西	77.088 6
12	绍兴	浙江	83.258 8	62	唐山市	河北	77.070 1
13	厦门	福建	83.115 3	63	西安市	陕西	76.751 6

排名	城市	经济体	得分	排名	城市	经济体	得分
14	嘉兴	浙江	83.015 9	64	泰安市	山东	76.451 6
15	金华	浙江	83.006 3	65	江门市	广东	76.185 9
16	南通	江苏	82.926 0	66	淮安市	江苏	76.095 2
17	无锡	江苏	82.753 2	67	银川市	宁夏	75.987 5
18	青岛	山东	82.120 3	68	咸阳市	陕西	75.723 3
19	岳阳	湖南	82.032 3	69	淄博市	山东	75.489 0
20	北京	北京	81.962 6	70	扬州市	江苏	75.414 0
21	许昌	河南	81.451 1	71	中山市	广东	75.362 8
22	武汉	湖北	81.433 0	72	济南市	山东	75.312 5
23	株洲	湖南	81.339 6	73	菏泽市	山东	75.016 0
24	重庆	重庆	81.297 5	74	东营市	山东	74.222 2
25	广州	广东	81.230 3	75	廊坊市	河北	74.158 7
26	长沙	湖南	81.065 8	76	海口市	海南	73.750 0
27	宜昌	湖北	80.601 3	77	邯郸市	河北	73.607 6
28	鄂尔多斯	内蒙古	80.571 4	78	大庆市	黑龙江	73.555 6
29	临沂	山东	80.289 4	79	沧州市	河北	73.291 1
30	榆林	陕西	80.255 6	80	石家庄市	河北	73.003 2
31	福州	福建	80.254 8	81	天津市	天津	71.904 8
32	郑州	河南	80.254 8	82	滨州市	山东	71.821 1
33	佛山	广东	80.191 7	83	德州市	山东	71.772 2
34	常州	江苏	80.000 0	84	包头市	内蒙古	71.221 9
35	南京	江苏	79.906 3	85	太原市	山西	70.467 3
36	衡阳	湖南	79.811 9	86	呼和浩特	内蒙古	70.221 5
37	漳州	福建	79.808 9	87	聊城市	山东	69.654 1
38	贵阳	贵州	79.588 6	88	保定市	河北	69.587 3
39	芜湖	安徽	79.587 3	89	沈阳市	辽宁	69.281 3
40	东莞	广东	79.458 6	90	镇江市	江苏	69.015 9
41	惠州	广东	79.435 7	91	兰州市	甘肃	68.099 7
42	襄阳	湖北	79.428 6	92	长春市	吉林	68.083 1
43	温州	浙江	79.365 1	93	乌鲁木齐市	新疆	68.031 7
44	柳州	广西	79.365 1	94	大连市	辽宁	66.688 1
45	潍坊	山东	79.320 4	95	吉林市	吉林	66.064 5
46	南宁	广西	79.216 3	96	台中市	台湾	61.341 9
47	合肥	安徽	79.125 0	97	哈尔滨市	黑龙江	61.270 4

续 表

排名	城市	经济体	得分	排名	城市	经济体	得分
48	济宁	山东	79.044 6	98	台北市	台湾	60.825 1
49	昆明	云南	78.949 0	99	香港	香港	56.655 6
50	澳门	澳门	78.529 4	100	高雄市	台湾	56.378 7

资料来源: 亚洲竞争力研究所和上海社会科学院。

表 4.9　　　　　中国 100 座城市环保与可持续性主观评价得分及排名

排名	城市	经济体	得分	排名	城市	经济体	得分
1	威海	山东	92.460 1	51	温州市	浙江	78.333 3
2	遵义	贵州	88.296 9	52	南昌市	江西	78.164 6
3	烟台	山东	86.629 4	53	淄博市	山东	78.138 8
4	厦门	福建	86.510 9	54	南京市	江苏	78.109 4
5	常德	湖南	86.408 2	55	大庆市	黑龙江	78.063 5
6	台州	浙江	85.691 8	56	苏州市	江苏	77.993 6
7	鄂尔多斯	内蒙古	85.269 8	57	泰州市	江苏	77.987 0
8	金华	浙江	85.015 8	58	乌鲁木齐市	新疆	77.825 4
9	南宁	广西	84.545 5	59	襄阳市	湖北	77.523 8
10	青岛	山东	84.288 0	60	南阳市	河南	77.515 8
11	拉萨	西藏	83.609 4	61	成都市	四川	77.492 2
12	湛江	广东	83.434 5	62	徐州市	江苏	77.106 9
13	泉州	福建	83.417 7	63	滨州市	山东	77.060 7
14	昆明	云南	82.945 9	64	长沙市	湖南	77.037 6
15	漳州	福建	82.866 2	65	上海市	上海	76.987 6
16	绍兴	浙江	82.843 5	66	包头市	内蒙古	76.848 9
17	海口	海南	82.828 1	67	临沂市	山东	76.672 0
18	岳阳	湖南	82.774 2	68	德州市	山东	75.775 3
19	许昌	河南	82.365 9	69	佛山市	广东	75.607 0
20	宁波	浙江	82.365 9	70	聊城市	山东	75.345 9
21	宜昌	湖北	82.294 3	71	咸阳市	陕西	74.795 6
22	西宁	青海	82.215 2	72	东莞市	广东	74.793 0
23	杭州	浙江	81.926 8	73	镇江市	江苏	74.476 2
24	福州	福建	81.894 9	74	合肥市	安徽	74.296 9
25	扬州	江苏	81.528 7	75	东营市	山东	73.857 1
26	泰安	山东	81.516 1	76	沈阳市	辽宁	73.671 9

排名	城市	经济体	得分	排名	城市	经济体	得分
27	柳州	广西	81.460 3	77	菏泽市	山东	73.258 8
28	潍坊	山东	81.359 2	78	廊坊市	河北	72.920 6
29	银川	宁夏	81.316 6	79	济南市	山东	72.515 6
30	株洲	湖南	81.168 2	80	沧州市	河北	72.405 1
31	贵阳	贵州	81.091 8	81	长春市	吉林	72.076 7
32	大连	辽宁	80.948 6	82	天津市	天津	71.904 8
33	深圳	广东	80.396 8	83	郑州市	河南	71.719 7
34	吉林	吉林	80.387 1	84	武汉市	湖北	71.479 8
35	盐城	江苏	80.316 5	85	太原市	山西	71.464 2
36	济宁	山东	80.079 6	86	唐山市	河北	70.971 3
37	芜湖	安徽	79.888 9	87	澳门	澳门	70.817 0
38	无锡	江苏	79.810 1	88	西安市	陕西	70.652 9
39	惠州	广东	79.749 2	89	呼和浩特	内蒙古	70.395 6
40	嘉兴	浙江	79.634 9	90	北京市	北京	70.358 3
41	榆林	陕西	79.568 7	91	兰州市	甘肃	70.358 3
42	重庆	重庆	79.525 3	92	广州市	广东	70.205 0
43	淮安	江苏	79.523 8	93	邯郸市	河北	69.288 0
44	衡阳	湖南	79.498 4	94	石家庄市	河北	66.453 7
45	南通	江苏	79.421 2	95	保定市	河北	65.841 3
46	常州	江苏	79.174 6	96	哈尔滨市	黑龙江	64.983 7
47	茂名	广东	79.172 0	97	台北市	台湾	61.600 7
48	洛阳	河南	78.750 0	98	台中市	台湾	56.118 2
49	江门	广东	78.685 9	99	香港	香港	55.082 8
50	中山	广东	78.422 7	100	高雄市	台湾	54.584 7

资料来源：亚洲竞争力研究所和上海社会科学院。

表 4.10   中国 100 座城市地区安全与稳定性主观评价得分及排名

排名	城市	经济体	得分	排名	城市	经济体	得分
1	遵义	贵州	89.031 2	51	襄阳市	湖北	83.142 9
2	烟台	山东	88.738 0	52	重庆市	重庆	83.053 8
3	乌鲁木齐	新疆	88.317 5	53	镇江市	江苏	83.015 9
4	嘉兴	浙江	88.127 0	54	徐州市	江苏	82.908 8
5	金华	浙江	88.117 1	55	银川市	宁夏	82.586 2

排名	城市	经济体	得分	排名	城市	经济体	得分
6	绍兴	浙江	88.067 1	56	滨州市	山东	82.571 9
7	常德	湖南	88.022 2	57	柳州市	广西	82.492 1
8	鄂尔多斯	内蒙古	87.587 3	58	拉萨市	西藏	82.437 5
9	厦门	福建	87.538 9	59	衡阳市	湖南	82.351 1
10	威海	山东	87.204 5	60	昆明市	云南	82.293 0
11	台州	浙江	86.918 2	61	郑州市	河南	82.293 0
12	潍坊	山东	86.731 4	62	聊城市	山东	82.201 3
13	无锡	江苏	86.582 3	63	洛阳市	河南	82.195 5
14	南通	江苏	85.948 6	64	茂名市	广东	82.165 6
15	泰州	江苏	85.941 6	65	南昌市	江西	82.104 4
16	泉州	福建	85.901 9	66	江门市	广东	81.971 2
17	杭州	浙江	85.812 1	67	榆林市	陕西	81.901 0
18	漳州	福建	85.732 5	68	海口市	海南	81.875 0
19	淮安	江苏	85.571 4	69	咸阳市	陕西	81.839 6
20	宜昌	湖北	85.490 5	70	湛江市	广东	81.821 1
21	青岛	山东	85.348 1	71	大庆市	黑龙江	81.698 4
22	上海	上海	85.310 6	72	佛山市	广东	81.517 6
23	南京	江苏	85.296 9	73	贵阳市	贵州	81.075 9
24	常州	江苏	85.285 7	74	南阳市	河南	81.060 1
25	温州	浙江	85.254 0	75	武汉市	湖北	80.996 9
26	泰安	山东	85.225 8	76	大连市	辽宁	80.691 3
27	淄博	山东	85.205 0	77	包头市	内蒙古	80.530 5
28	宁波	浙江	85.142 0	78	沧州市	河北	80.395 6
29	济宁	山东	84.808 9	79	沈阳市	辽宁	80.281 3
30	盐城	江苏	84.731 0	80	唐山市	河北	80.207 0
31	南宁	广西	84.686 5	81	中山市	广东	80.126 2
32	深圳	广东	84.444 4	82	惠州市	广东	80.078 4
33	临沂	山东	84.324 8	83	吉林市	吉林	79.919 4
34	苏州	江苏	84.299 4	84	西安市	陕西	79.570 1
35	成都	四川	84.143 3	85	长春市	吉林	79.536 7
36	济南	山东	84.109 4	86	廊坊市	河北	79.222 2
37	德州	山东	84.066 5	87	广州市	广东	78.927 4
38	许昌	河南	83.927 4	88	兰州市	甘肃	78.785 0
39	株洲	湖南	83.894 1	89	邯郸市	河北	78.670 9

续　表

排名	城市	经济体	得分	排名	城市	经济体	得分
40	岳阳	湖南	83.887 1	90	东莞市	广东	78.439 5
41	西宁	青海	83.639 2	91	石家庄市	河北	78.115 0
42	扬州	江苏	83.630 6	92	保定市	河北	78.000 0
43	长沙	湖南	83.620 7	93	太原市	山西	77.538 9
44	合肥	安徽	83.546 9	94	呼和浩特	内蒙古	75.506 3
45	天津	天津	83.523 8	95	澳门	澳门	75.359 5
46	芜湖	安徽	83.492 1	96	哈尔滨市	黑龙江	74.609 1
47	东营	山东	83.460 3	97	台北市	台湾	74.158 4
48	北京	北京	83.302 2	98	高雄市	台湾	69.667 8
49	福州	福建	83.232 5	99	台中市	台湾	69.185 3
50	菏泽	山东	83.194 9	100	香港	香港	64.106 0

资料来源：亚洲竞争力研究所和上海社会科学院。

表 4.11　　　　中国 100 座城市社会文化状况主观评价得分及排名

排名	城市	经济体	得分	排名	城市	经济体	得分
1	烟台	山东	75.312 9	51	南昌市	江西	68.952 0
2	遵义	贵州	75.281 3	52	西宁市	青海	68.940 8
3	常德	湖南	74.812 0	53	柳州市	广西	68.629 3
4	台州	浙江	73.536 8	54	苏州市	江苏	68.557 5
5	威海	山东	73.268 2	55	合肥市	安徽	68.553 3
6	金华	浙江	72.924 4	56	江门市	广东	68.501 1
7	绍兴	浙江	72.898 0	57	大庆市	黑龙江	68.455 6
8	厦门	福建	72.756 1	58	乌鲁木齐市	新疆	68.403 4
9	潍坊	山东	72.385 3	59	上海市	上海	68.354 0
10	宁波	浙江	72.219 3	60	郑州市	河南	68.351 4
11	宜昌	湖北	72.083 0	61	济南市	山东	68.244 5
12	泉州	福建	71.846 6	62	惠州市	广东	68.045 4
13	许昌	河南	71.838 9	63	徐州市	江苏	67.970 8
14	株洲	湖南	71.781 2	64	深圳市	广东	67.888 0
15	嘉兴	浙江	71.570 5	65	拉萨市	西藏	67.577 2
16	常州	江苏	71.245 6	66	海口市	海南	67.566 2
17	青岛	山东	71.156 0	67	中山市	广东	67.543 1
18	泰州	江苏	71.103 9	68	德州市	山东	67.529 8

排名	城市	经济体	得分	排名	城市	经济体	得分
19	岳阳	湖南	71.013 3	69	佛山市	广东	67.408 4
20	泰安	山东	70.842 5	70	大连市	辽宁	67.304 7
21	淮安	江苏	70.717 1	71	吉林市	吉林	67.246 7
22	鄂尔多斯	内蒙古	70.552 8	72	武汉市	湖北	67.157 8
23	济宁	山东	70.545 1	73	贵阳市	贵州	67.103 5
24	漳州	福建	70.503 9	74	滨州市	山东	67.000 6
25	芜湖	安徽	70.212 9	75	西安市	陕西	66.830 3
26	杭州	浙江	70.191 1	76	沈阳市	辽宁	66.821 7
27	南通	江苏	70.092 7	77	咸阳市	陕西	66.811 0
28	福州	福建	70.063 7	78	天津市	天津	66.633 1
29	临沂	山东	70.054 9	79	菏泽市	山东	66.532 6
30	无锡	江苏	69.981 4	80	台北市	台湾	66.472 5
31	南宁	广西	69.872 8	81	包头市	内蒙古	66.270 1
32	衡阳	湖南	69.845 1	82	广州市	广东	66.049 4
33	成都	四川	69.622 5	83	唐山市	河北	66.028 5
34	银川	宁夏	69.605 4	84	聊城市	山东	66.002 6
35	淄博	山东	69.588 0	85	廊坊市	河北	65.951 4
36	东营	山东	69.521 9	86	北京市	北京	65.829 2
37	扬州	江苏	69.516 7	87	澳门	澳门	65.522 9
38	镇江	江苏	69.495 8	88	长春市	吉林	65.273 4
39	榆林	陕西	69.323 4	89	东莞市	广东	65.258 5
40	重庆	重庆	69.233 1	90	沧州市	河北	65.242 0
41	长沙	湖南	69.227 4	91	保定市	河北	64.521 0
42	盐城	江苏	69.162 3	92	太原市	山西	64.280 7
43	襄阳	湖北	69.127 9	93	邯郸市	河北	64.182 8
44	湛江	广东	69.056 6	94	石家庄市	河北	63.967 3
45	洛阳	河南	69.040 3	95	兰州市	甘肃	63.540 4
46	茂名	广东	69.024 0	96	高雄市	台湾	63.021 3
47	昆明	云南	69.024 0	97	呼和浩特	内蒙古	62.801 6
48	南京	江苏	69.020 2	98	台中市	台湾	62.751 4
49	温州	浙江	69.004 7	99	哈尔滨市	黑龙江	61.699 6
50	南阳	河南	68.965 0	100	香港	香港	58.796 3

资料来源：亚洲竞争力研究所和上海社会科学院。

表 4.12　　　　　　　　　中国 100 座城市治理主观评价得分及排名

排名	城市	经济体	得分	排名	城市	经济体	得分
1	遵义	贵州	82.687 5	51	拉萨市	西藏	75.293 0
2	常德	湖南	82.638 4	52	盐城市	江苏	74.940 7
3	厦门	福建	81.651 1	53	济南市	山东	74.863 3
4	嘉兴	浙江	81.603 2	54	鄂尔多斯	内蒙古	74.710 3
5	绍兴	浙江	81.162 1	55	江门市	广东	74.579 3
6	台州	浙江	80.974 8	56	菏泽市	山东	74.416 9
7	金华	浙江	80.775 3	57	湛江市	广东	74.405 0
8	烟台	山东	80.531 2	58	银川市	宁夏	74.380 9
9	威海	山东	79.912 1	59	佛山市	广东	74.325 1
10	潍坊	山东	79.789 6	60	洛阳市	河南	74.090 5
11	宁波	浙江	79.503 2	61	武汉市	湖北	73.952 5
12	泉州	福建	79.398 7	62	南阳市	河南	73.939 9
13	杭州	浙江	79.152 1	63	大庆市	黑龙江	73.912 7
14	温州	浙江	78.730 2	64	贵阳市	贵州	73.896 4
15	临沂	山东	78.553 1	65	镇江市	江苏	73.714 3
16	泰安	山东	78.455 6	66	海口市	海南	73.628 9
17	宜昌	湖北	78.026 1	67	郑州市	河南	73.626 6
18	淄博	山东	77.957 4	68	咸阳市	陕西	73.486 6
19	常州	江苏	77.825 4	69	扬州市	江苏	73.471 3
20	淮安	江苏	77.718 3	70	东莞市	广东	73.455 4
21	漳州	福建	77.563 7	71	重庆市	重庆	73.437 5
22	南通	江苏	77.459 8	72	滨州市	山东	73.418 5
23	青岛	山东	77.444 6	73	聊城市	山东	73.325 5
24	泰州	江苏	77.390 4	74	惠州市	广东	72.837 0
25	岳阳	湖南	77.298 4	75	徐州市	江苏	72.739 8
26	无锡	江苏	77.242 9	76	天津市	天津	72.730 2
27	济宁	山东	77.237 3	77	北京市	北京	72.667 4
28	深圳	广东	77.146 8	78	中山市	广东	72.484 2
29	东营	山东	77.027 8	79	唐山市	河北	71.389 3
30	南宁	广西	76.986 7	80	沧州市	河北	71.234 2
31	福州	福建	76.890 9	81	西安市	陕西	70.788 2
32	许昌	河南	76.845 4	82	广州市	广东	70.634 9
33	西宁	青海	76.724 7	83	包头市	内蒙古	70.478 3
34	南京	江苏	76.543 0	84	沈阳市	辽宁	70.144 5

续　表

排名	城市	经济体	得分	排名	城市	经济体	得分
35	茂名	广东	76.520 7	85	大连市	辽宁	69.987 9
36	成都	四川	76.514 8	86	长春市	吉林	69.840 3
37	株洲	湖南	76.433 0	87	吉林市	吉林	69.713 7
38	上海	上海	76.273 3	88	太原市	山西	68.711 1
39	芜湖	安徽	76.254 0	89	兰州市	甘肃	68.469 6
40	昆明	云南	76.198 2	90	石家庄市	河北	68.462 5
41	长沙	湖南	76.022 7	91	邯郸市	河北	68.152 7
42	南昌	江西	75.767 4	92	澳门	澳门	68.137 3
43	柳州	广西	75.694 4	93	廊坊市	河北	68.119 0
44	合肥	安徽	75.675 8	94	保定市	河北	67.515 9
45	榆林	陕西	75.666 9	95	呼和浩特	内蒙古	64.339 4
46	衡阳	湖南	75.646 6	96	哈尔滨市	黑龙江	64.112 4
47	苏州	江苏	75.621 0	97	台北市	台湾	63.902 6
48	德州	山东	75.593 4	98	台中市	台湾	58.306 7
49	乌鲁木齐	新疆	75.436 5	99	高雄市	台湾	56.864 6
50	襄阳	湖北	75.293 7	100	香港	香港	49.755 8

资料来源：亚洲竞争力研究所和上海社会科学院。

如表 4.7 所示,在城市宜居性主观评价总得分排名中,遵义市排名第 1 位。详细分解遵义市的问卷评价得分构成,可以发现遵义市除了在经济活力与竞争类问题评价中排名第 9 位外,在其他 4 类问题的评价中均排名前 3,也就是说,遵义市在环保、安全、文化、城市治理等领域都得到了居民的高度评价。从区域特征来看,在城市宜居性主观评价总得分排名前 10 位的城市中,浙江占 4 席(台州、金华、绍兴、嘉兴),山东占 3 席(烟台、威海、潍坊),相比其他省份具有较大的优势。排名前 20 位的城市中,依然以浙江和山东居多,两省加起来共有 11 座城市排进了前 20 位。

另一方面,中国超大城市的宜居性主观评价并不乐观。如表 4.7 所示,北京排名第 78 位,上海排名第 45 位,广州排名第 85 位,深圳排名第 39 位。其中,北京和广州的得分均低于 100 座城市的平均得分 71.889 6,可见这两座城市在市民的主观评价中表现并不令人满意。北京、上海、广州、深圳等超大城市在市民心目中的评价处于较低水平也许与市民对超大城市交通拥堵、房价高企、环境污染等"大城市病"不满有关。另外,这也从普通市民的视角表明:与中小规模城市相比,大城市在高速发展过程中面临的宜居性挑战和任务更加复杂和艰巨。

此外,需要说明的是,港澳台地区的城市(香港、澳门、台北、台中、高雄)在宜居性主观评价排名中均排在第 80 位以后。这几座城市尽管在经济发展上处于发达水平,但在当地居民看来城市建设的各方面都存在着较大的问题。这或许与近年来香港的社会局势和台湾地区的政治局势不稳有关。尤其是自 2019 年 6 月以来的香港动乱极大地影响了当地居民正常的工作生活,导致市民对香港的主观评价普遍偏低。

表 4.13 对 2019 年 100 座城市的宜居性主观评价排名和包含客观指标的宜居性综合评价排名进行了对比,并在最后一列中给出了两个排名的差异。整体来看,100 座城市的主观评价排名与综合评价排名存在较为明显的差异。在主观评价排名前 20 位的城市中,大部分城市(15 座)的综合评价排名都落后于其主观评价排名,即这些城市在市民心目中的宜居水平或许要高于其实际发展水平。而在主观评价排名最后 20 位的城市中,有 12 座城市的综合评价排名都领先于其主观评价排名,说明这些城市在市民心中的居住感受或许要低于其实际发展水平。

表 4.13　　2019 年中国 100 座城市宜居性主观评价排名与综合排名对比

城市	经济体	主观评价 (PBCLCI)排名	综合评价 (CLCI)排名	排名差异
遵义	贵州	1	7	+6
常德	湖南	2	8	+6
烟台	山东	3	1	−2
台州	浙江	4	13	+9
威海	山东	5	4	−1
厦门	福建	6	3	−3
金华	浙江	7	11	+4
绍兴	浙江	8	10	+2

续　表

城市	经济体	主观评价 （PBCLCI）排名	综合评价 （CLCI）排名	排名差异
嘉兴	浙江	9	12	＋3
潍坊	山东	10	15	＋5
宁波	浙江	11	17	＋6
泉州	福建	12	18	＋6
宜昌	湖北	13	85	＋72
青岛	山东	14	14	0
许昌	河南	15	51	＋36
杭州	浙江	16	16	0
株洲	湖南	17	37	＋20
常州	江苏	18	26	＋8
泰安	山东	19	24	＋5
岳阳	湖南	20	41	＋21
漳州	福建	21	28	＋7
泰州	江苏	22	29	＋7
淮安	江苏	23	34	＋11
济宁	山东	24	35	＋11
南通	江苏	25	21	－4
鄂尔多斯	内蒙古	26	22	－4
无锡	江苏	27	20	－7
临沂	山东	28	40	＋12
南宁	广西	29	32	＋3
福州	福建	30	38	＋8
芜湖	安徽	31	54	＋23
温州	浙江	32	43	＋11
淄博	山东	33	39	＋6
成都	四川	34	36	＋2
衡阳	湖南	35	71	＋36
西宁	青海	36	23	－13
昆明	云南	37	27	－10
南京	江苏	38	31	－7
深圳	广东	39	6	－33
长沙	湖南	40	53	＋13
榆林	陕西	41	76	＋35

城市	经济体	主观评价 （PBCLCI）排名	综合评价 （CLCI）排名	排名差异
东营	山东	42	49	＋7
茂名	广东	43	47	＋4
盐城	江苏	44	50	＋6
上海	上海	45	9	－36
银川	宁夏	46	30	－16
柳州	广西	47	73	＋26
苏州	江苏	48	33	－15
襄阳	湖北	49	89	＋40
湛江	广东	50	46	－4
南昌	江西	51	60	＋9
扬州	江苏	52	48	－4
重庆	重庆	53	25	－28
乌鲁木齐	新疆	54	66	＋12
合肥	安徽	55	72	＋17
洛阳	河南	56	63	＋7
拉萨	西藏	57	44	－13
江门	广东	58	45	－13
南阳	河南	59	80	＋21
镇江	江苏	60	56	－4
大庆	黑龙江	61	70	＋9
济南	山东	62	52	－10
德州	山东	63	67	＋4
海口	海南	64	55	－9
郑州	河南	65	64	－1
惠州	广东	66	42	－24
徐州	江苏	67	61	－6
贵阳	贵州	68	65	－3
佛山	广东	69	57	－12
中山	广东	70	59	－11
武汉	湖北	71	82	＋11
滨州	山东	72	78	＋6
菏泽	山东	73	79	＋6
咸阳	陕西	74	74	0

续　表

城市	经济体	主观评价 （PBCLCI）排名	综合评价 （CLCI）排名	排名差异
天津	天津	75	69	−6
大连	辽宁	76	62	−14
聊城	山东	77	77	0
北京	北京	78	5	−73
吉林	吉林	79	84	+5
东莞	广东	80	58	−22
西安	陕西	81	86	+5
包头	内蒙古	82	75	−7
沈阳	辽宁	83	81	−2
唐山	河北	84	97	+13
广州	广东	85	68	−17
沧州	河北	86	90	+4
廊坊	河北	87	92	+5
长春	吉林	88	83	−5
澳门	澳门	89	2	−87
太原	山西	90	87	−3
邯郸	河北	91	99	+8
石家庄	河北	92	95	+3
兰州	甘肃	93	96	+3
保定	河北	94	98	+4
台北	台湾	95	19	−76
呼和浩特	内蒙古	96	93	−3
哈尔滨	黑龙江	97	100	+3
台中	台湾	98	91	−7
高雄	台湾	99	88	−11
香港	香港	100	94	−6

注：负号（正号）表示对应城市的宜居性综合排名低于（高于）其宜居性主观评价排名
资料来源：亚洲竞争力研究所和上海社会科学院。

表 4.14 列出了主观评价排名与综合评价排名差异超过 30 位次的城市。宜昌、许昌、衡阳、榆林、襄阳这 5 座城市的主观评价排名要明显领先于其综合排名，其中宜昌市的主观评价排名更是领先其综合排名 72 个位次。从经济发展状况来看，这些城市几乎都是经济发展水平不是特别高的地级

城市,但当地居民对所在城市宜居性的主观评价都普遍较高。与此同时,可以发现:表4.13中的深圳、上海、北京、澳门、台北这5座城市都是主观评价排名远远落后于其综合评价排名,可见在当地居民心目中这些城市的宜居性建设与城市居民心目中的宜居性还存在较明显的差距。

表 4.14　城市宜居性主观评价排名与综合评价排名差异超过 30 个位次的城市列表

城市名称	排名差异	城市名称	排名差异
宜昌	＋72	深圳	−33
许昌	＋36	上海	−36
衡阳	＋36	北京	−73
榆林	＋35	澳门	−87
襄阳	＋40	台北	−76

注:负号(正号)表示对应城市的宜居性综合排名低于(高于)其宜居性主观评价排名
资料来源:亚洲竞争力研究所和上海社会科学院。

通过两种排名的对比可以发现,一座城市宜居性的实际发展水平与居民对城市宜居性的感受可能差异较大。一座城市在发展过程中,绝不能只重视经济的发展以及基础设施的建设,还要更多地去考虑居民的生活需求和心理感受,使城市建设中的每一笔投入都能在促进城市发展的同时,切实地提高居民的实际居住感受,让市民生活得更方便、更舒心、更美好。

4.2.4　城市宜居性主观评价排名的演变与比较分析: 2019 年与 2014 年

新加坡国立大学亚洲竞争力研究所曾经在 2014 年进行过中国 100 座城市宜居性主观评价的问卷调查。利用 2014 年的该问卷调查数据,我们采用相同的计算方法计算了 2014 年中国 100 座城市宜居性主观评价排名及得分。表 4.15 列出了 2019 年与 2014 年的城市宜居性主观评价总得分及排名。

需要说明的是,为研究需要和保证得分与排名结果的可比性及研究意义,比较时对相关数据进行了如下两处处理:

第一,以 2019 年的城市列表为基准来观察这些城市 5 年来的名次变化。鉴于样本城市选择的标准有两条,一是中国 34 个省级行政区的省会城市,二是地区生产总值排名靠前的城市。因此 2019 年与 2014 年相比,2019 年进行问卷调查的 100 座城市比 2014 年的问卷调查新增了遵义、咸阳两座城市,剔除了枣庄、鞍山两座城市。

第二,随着城市的发展及社会文化状况的变化,我们的问卷也更新了部分问题以改良中国 100 座城市宜居指数。2019 年的问卷相比 2014 年的问卷调整替换了少数几个问题,以更好地反映受访者对城市宜居性的打分。

此外,由于城市人口具有较强的流动性,即使采用电话回访的形式,2019 年与 2014 年的调查对象也很难保证是同一批受访者。由于问卷仍然采用随机抽样的方式进行调查,因此,尽管受访者并非是同一批人,但是严格的随机抽样程序仍然可以保证样本和数据的代表性。

如表 4.15 所示,从主观评价得分的变化来看,2019 年中国城市整体的宜居性相比 2014 年有了明显的改善和提升,除威海、澳门、台中、高雄、香港外,所有城市的主观评价得分都比 2014 年有了不同程度的提升。具体来看,2019 年 100 座城市主观评价的平均得分为 71.89 分,2014 年 100 座城市主观评价平均得分则是 64.79 分,整体提升高达 7.10 分。

很多城市的排名虽然出现了较大幅度的下滑,但其市民主观评价得分却是上升的,如南通、东营、扬州、拉萨、台北等城市。因此抛开名次不谈,中国近 5 年来在城市建设和发展上取得了较为显著的成绩,这是来自普通市民最直接的认可。

从超大城市排名位次的变化来看,2019 年与 2014 年相比,北京由第 90 名上升到第 78 名,提升 12 位;上海由第 49 名上升到第 45 名,提升 4 位;广州由第 92 名上升到第 85 名,提升 7 位;深圳提升最为明显,由第 71 名上升到第 39 名,提升 32 位。这显示出这些城市"宜居性硬件建设水平高、满意度低"的状况正在逐渐得到改善。这或许与近年来重视大城市病的治理、产业结构升级、改善生态环境等政策举措有关。

表 4.15　　城市宜居性主观评价排名及得分比较：2019 年与 2014 年

城市	经济体	2019 年排名	2014 年排名	位次变化	2019 年得分	2014 年得分
遵义	贵州	1	无	无	79.330 0	无
常德	湖南	2	9	7	78.860 0	69.230 0
烟台	山东	3	3	0	78.640 0	73.290 0
台州	浙江	4	29	25	77.560 0	67.210 0
威海	山东	5	1	−4	77.380 0	78.500 0
厦门	福建	6	11	5	77.380 0	68.970 0
金华	浙江	7	36	29	77.170 0	66.540 0
绍兴	浙江	8	28	20	77.120 0	67.220 0
嘉兴	浙江	9	31	22	76.270 0	67.010 0
潍坊	山东	10	4	−6	76.150 0	70.760 0
宁波	浙江	11	26	15	76.120 0	67.500 0
泉州	福建	12	50	38	76.030 0	64.860 0
宜昌	湖北	13	33	20	75.530 0	66.850 0
青岛	山东	14	19	5	75.020 0	68.310 0
许昌	河南	15	16	1	75.000 0	68.520 0
杭州	浙江	16	30	14	74.870 0	67.080 0
株洲	湖南	17	13	−4	74.770 0	68.680 0
常州	江苏	18	6	−12	74.760 0	70.180 0
泰安	山东	19	20	1	74.730 0	68.100 0
岳阳	湖南	20	23	3	74.700 0	67.820 0
漳州	福建	21	34	13	74.540 0	66.760 0
泰州	江苏	22	10	−12	74.460 0	69.100 0
淮安	江苏	23	40	17	74.340 0	66.260 0
济宁	山东	24	35	11	74.200 0	66.560 0
南通	江苏	25	5	−20	74.160 0	70.660 0
鄂尔多斯	内蒙古	26	25	−1	74.110 0	67.540 0
无锡	江苏	27	15	−12	74.110 0	68.560 0
临沂	山东	28	21	−7	74.050 0	67.970 0
南宁	广西	29	57	28	74.050 0	64.500 0
福州	福建	30	42	12	73.890 0	66.150 0
芜湖	安徽	31	12	−19	73.670 0	68.700 0
温州	浙江	32	84	52	73.650 0	60.940 0
淄博	山东	33	37	4	73.630 0	66.450 0

城市	经济体	2019 年排名	2014 年排名	位次变化	2019 年得分	2014 年得分
成都	四川	34	54	20	73.440 0	64.650 0
衡阳	湖南	35	72	37	73.200 0	61.980 0
西宁	青海	36	68	32	73.180 0	62.890 0
昆明	云南	37	74	37	73.080 0	61.840 0
南京	江苏	38	32	−6	73.080 0	66.940 0
深圳	广东	39	71	32	72.940 0	62.210 0
长沙	湖南	40	65	25	72.910 0	63.260 0
榆林	陕西	41	88	47	72.900 0	60.640 0
东营	山东	42	7	−35	72.900 0	70.120 0
茂名	广东	43	101	58	72.870 0	54.380 0
盐城	江苏	44	41	−3	72.790 0	66.240 0
上海	上海	45	49	4	72.780 0	64.960 0
银川	宁夏	46	27	−19	72.740 0	67.410 0
柳州	广西	47	58	11	72.650 0	64.470 0
苏州	江苏	48	46	−2	72.640 0	65.230 0
襄阳	湖北	49	64	15	72.610 0	63.740 0
湛江	广东	50	98	48	72.600 0	58.490 0
南昌	江西	51	70	19	72.530 0	62.220 0
扬州	江苏	52	14	−38	72.510 0	68.660 0
重庆	重庆	53	55	2	72.360 0	64.570 0
乌鲁木齐	新疆	54	75	21	72.220 0	61.840 0
合肥	安徽	55	39	−16	72.190 0	66.340 0
洛阳	河南	56	43	−13	72.180 0	66.090 0
拉萨	西藏	57	17	−40	72.010 0	68.400 0
江门	广东	58	86	28	71.960 0	60.760 0
南阳	河南	59	66	7	71.950 0	63.050 0
镇江	江苏	60	48	−12	71.840 0	64.990 0
大庆	黑龙江	61	18	−43	71.600 0	68.320 0
济南	山东	62	51	−11	71.590 0	64.860 0
德州	山东	63	38	−25	71.470 0	66.380 0
海口	海南	64	63	−1	71.360 0	63.780 0
郑州	河南	65	95	30	71.310 0	59.050 0
惠州	广东	66	85	19	71.290 0	60.850 0

续　表

城市	经济体	2019 年排名	2014 年排名	位次变化	2019 年得分	2014 年得分
徐州	江苏	67	47	−20	71.200 0	65.120 0
贵阳	贵州	68	60	−8	71.200 0	64.090 0
佛山	广东	69	94	25	71.170 0	59.250 0
中山	广东	70	52	−18	70.690 0	64.830 0
武汉	湖北	71	93	22	70.660 0	59.330 0
滨州	山东	72	8	−64	70.580 0	69.520 0
菏泽	山东	73	61	−12	70.480 0	64.070 0
咸阳	陕西	74	无	无	70.420 0	无
天津	天津	75	76	1	69.910 0	61.820 0
大连	辽宁	76	56	−20	69.800 0	64.530 0
聊城	山东	77	45	−32	69.780 0	65.380 0
北京	北京	78	90	12	69.660 0	60.510 0
吉林	吉林	79	67	−12	69.590 0	63.020 0
东莞	广东	80	96	16	69.430 0	59.020 0
西安	陕西	81	82	1	69.320 0	61.090 0
包头	内蒙古	82	44	−38	69.210 0	65.560 0
沈阳	辽宁	83	89	6	69.140 0	60.600 0
唐山	河北	84	77	−7	69.100 0	61.800 0
广州	广东	85	92	7	68.910 0	59.440 0
沧州	河北	86	53	−33	68.600 0	64.800 0
廊坊	河北	87	79	−8	68.150 0	61.580 0
长春	吉林	88	91	3	67.990 0	59.730 0
澳门	澳门	89	2	−87	67.660 0	74.530 0
太原	山西	90	81	−9	67.030 0	61.210 0
邯郸	河北	91	80	−11	66.860 0	61.540 0
石家庄	河北	92	87	−5	66.580 0	60.640 0
兰州	甘肃	93	100	7	66.480 0	56.330 0
保定	河北	94	83	−11	66.480 0	61.030 0
台北	台湾	95	62	−33	65.790 0	63.990 0
呼和浩特	内蒙古	96	99	3	64.810 0	57.640 0
哈尔滨	黑龙江	97	97	0	63.410 0	58.960 0
台中	台湾	98	69	−29	61.510 0	62.420 0
高雄	台湾	99	73	−26	61.040 0	61.890 0
香港	香港	100	22	−78	56.420 0	67.890 0

资料来源：亚洲竞争力研究所和上海社会科学院。

表 4.16 列出了从 2014 年到 2019 年位次提升幅度超过 20 位的城市。从位次提升幅度来看,2019 年与 2014 年相比位次提升幅度较大的城市中,广东省占 5 席、浙江省占 4 席,而山东省的城市虽然排名靠前的很多,但位次变化幅度普遍较小。其中位次上升幅度最大的城市为茂名市,上升 58 位。位次下降幅度较大的城市中,隶属于山东省的城市数量最多,占 4 席。港澳台地区的所有城市位次下降均超过了 20 位。

表 4.16　　2019 年与 2014 年主观评价排名差异超过 20 个位次的城市列表

排名上升超过 20 位的城市(19 座)		排名下降超过 20 位的城市(14 座)	
城市	经济体	城市	经济体
台州	浙江	东营	山东
金华	浙江	扬州	江苏
嘉兴	浙江	拉萨	西藏
泉州	福建	大庆	黑龙江
南宁	广西	德州	山东
温州	浙江	滨州	山东
衡阳	湖南	聊城	山东
西宁	青海	包头	内蒙古
昆明	云南	沧州	河北
深圳	广东	澳门	澳门
长沙	湖南	台北	台湾
榆林	陕西	台中	台湾
茂名	广东	高雄	台湾
湛江	广东	香港	香港
乌鲁木齐	新疆		
江门	广东		
郑州	河南		
佛山	广东		
武汉	湖北		

资料来源:亚洲竞争力研究所和上海社会科学院。

本章在中国城市的背景下对城市宜居性的三个侧面进行了分析,4.1 节分别就地区安全和基础设施与交通运输这两个方面对中国城市进行了"假设"模拟。我们会在第 5 章中对这些主题进行更深入的探讨。4.2 节从市民的视角出发对城市宜居性主观评价进行了排名分析,并与第 3 章中的宜居性综合评价排名进行了比较分析。结合 4.1 节和 4.2 节中的三个排名分析,我们可以得到一个关键的信息,那就是香港、澳门和台湾地区城市的未来或许面临着较大的挑战。尽管这些地区都有着雄厚的经济基础,但近年来它们在宜居城市建设方面面临着严峻的挑战。特别是香港,在经历了多次社会骚乱后,现在正处于关键的转折点上。如果香港的宜居性继续恶化,那么当地的居民和企业就会渐渐流失。换句话说,生存的威胁将会渐渐瓦解香港的经济基础。其他的中国城市应当对香港宜居性恶化所带来的后果予以充分的重视,并引以为鉴。它们应当继续在发展经济的同时兼顾提升宜居性的目标。本章的研究发现中也有积极的一面,普通市民对城市宜居性整体评价的提升反映出了地方政府为提升城市宜居性所做出的努力。然而,在主观评价与客观现实之间还存在着差距。主观评价结果反映出了市民对当地生活环境的高估或低估倾向,因此这些差异可以让政策制定者看到,在提升宜居性方面他们仍然大有可为。

参考文献

Tan, Khee Giap, Tongxin Nie, and Shinae Baek. 2015 China Liveable Cities Index: Ranking Analysis, Simulation and Policy Evaluation[M]. *Whoice Publishing Pte. Ltd*, 2017. http://tinyurl.com/sekqny6.

United Nations Department of Economic and Social Affairs. Shanghai Manual: A Guide for Sustainable Urban Development in the 21st Century[M]. *Tech. rep.* 2012. https://sustainabledevelopment.un.org/index.php?page=view&type=400&nr=633&menu=35.

吴良镛.芒福德的学术思想及其对人居环境学建设的启示[J]. 城市规划,1996(01):35 - 41 + 48. https://kns.cnki.net/kcms/detail/detail.aspx?filename=CSGH601.010&dbcode=CJFQ&dbname=CJFD1996.

第5章 世界城市交通宜居性建设的经验与启示：对于纽约、伦敦、东京、新加坡、香港、上海的比较研究[①]

　　世界城市在经济飞速发展的同时,也涌现出一系列突出的空间、环境、社会矛盾。这些矛盾给世界城市的宜居性建设带来了严峻的挑战。WHO于1961年提出了人类居住环境的四个基本理念,即安全、健康、便利和舒适。从居民需求的角度出发,宜居性可以看作市民对于居住环境、生活质量以及个人发展的多层次需求的总和。基于上海社会科学院与新加坡国立大学的联合研究(2019),我们认为可以从经济活力与竞争力、环保与可持续性、地区安全与稳定性、社会文化状况以及城市治理这五个方面衡量一座城市的宜居水平。这五大方面不仅涵盖了居民对城市的安全、健康、舒适、便利等基本需求,还包含了居民更高层次的需求,比如更好的个人发展机会、更丰富的娱乐生活等发展性需求和享受性需求。

　　从上述宜居性的内涵不难看出,交通状况是影响城市宜居性的关键要素之一。具体来看,交通拥堵与交通空气、噪声污染等问题将严重影响居民的出行效率、出行安全、身体健康、生活质量等方面。当一座城市无法满足居民的这些基本需求时,其宜居水平将大打折扣。因此,本章将从如何解决交通拥堵和交通空气、噪声污染这两大类问题的角度出发,探讨并总结世界

---

① 本章作者为：裴文乾,上海社会科学院经济研究所;春燕,上海社会科学院城市与人口研究所。

城市在交通宜居性建设方面的经验。

本章选取了具有代表性的 6 座世界城市：纽约、伦敦、东京、新加坡、香港、上海。首先比较考察了纽约、伦敦、东京、新加坡、香港、上海 6 座世界城市的交通现状，分析其困境与挑战；其次，研究总结世界城市在交通宜居性建设过程中的经验；最后探讨案例世界城市交通宜居性建设经验对其他城市建设的启示。

5.1 世界城市交通发展的现状与困境：对于纽约、伦敦、东京、新加坡、香港、上海的比较分析

5.1.1 现状特征

城市的交通运行状况不仅与交通基础设施的供给有关，还与居民的交通需求有关。居民对不同交通工具的偏好程度决定着一座城市对各类交通基础设施的需求状况。如果一座城市的交通基础设施供给与居民的交通需求不相匹配，就很可能会出现交通拥堵甚至是交通瘫痪，从而降低居民的生活质量。纽约市拥有世界上最大的轨道交通网络之一，然而纽约市民选择公共交通出行的比例却低于香港、东京、新加坡等地区，这是导致纽约市出现严重交通拥堵的重要原因之一。伦敦市同样是世界上最拥堵的城市之一(INRIX，2018)，然而面对日益枯竭的城市土地资源，再增大交通基础设施供给已十分困难，因此伦敦开始鼓励居民更多地选择步行、骑行等出行方式，以缓解日益严重的交通拥堵状况。从交通供给与需求的角度出发，本节将通过道路及轨道交通基础设施建设水平和居民的出行方式两个方面来对案例世界城市进行比较分析，以期较为客观地反映出各城市的交通发展现状。

5.1.1.1 道路及轨道交通设施建设水平比较

道路作为城市最主要的交通基础设施，其规划设计和规模大小在很大程度上决定了一座城市的交通便捷程度。表 5.1 列出了 6 座城市的道路线

网长度、道路线网密度及每万人道路线网长度等指标，以描述城市道路设施建设水平。从道路线网总体规模来看，6 座城市从大到小依次为东京、上海、伦敦、纽约、新加坡、香港。6 座城市中，上海作为后来居上的世界城市，其道路线网总长度超过了伦敦和纽约，仅次于东京。然而，由于不同城市的面积、人口规模存在较大差距，道路线网长度的总规模并不能准确恰当地反映出一座城市的交通便捷程度。利用道路线网密度、每万人道路线网长度等指标可以更好地描述一座城市的道路便捷程度。按照道路线网密度排名，从高到低依次为纽约、东京、伦敦、新加坡、上海、香港。可见，纽约、东京、伦敦依然位居前列，道路线网密度依次为 12.93 千米/平方千米、11.24千米/平方千米、9.44 千米/平方千米，而上海由于行政区划面积庞大，道路线网密度只有 2.92 千米/平方千米，远低于纽约的 12.93 千米/平方千米。

　　轨道交通系统作为城市道路系统的辅助，对于实现远距离通勤日常化、缓解中心城区交通拥堵有着至关重要的意义。由于城市发展起步时间各不相同，各世界城市在轨道交通系统的建设水平上有着较大的差异。伦敦早在 1861 年就开通了地铁线路，是世界上第一座开通地铁的城市。这 6 座城市中开通最晚的是上海，1993 年才正式开通第一条地铁线路，两者相距长达一百余年。按照表 5.1 统计的 6 座城市轨道交通建设水平数据，伦敦的轨道交通线网总长度位居第一，长达 1 225 千米。作为第一座开通地铁的城市，伦敦在漫长的交通建设过程中发展出了由国家铁路(national rail)、地铁(underground)、轻轨(DLR)等共同构成的轨道交通系统。紧随其后的纽约轨道交通线网总规模长达 1 070 千米①。上海的轨道交通里程在不到 30 年的时间里就达到了 732 千米，发展之迅速令人惊叹。新加坡和香港的轨道交通总规模则相对较小，线网总长度均在 300 千米以下。由于不同城市的面积、人口各不相同，轨道交通线网的总规模同样不能准确地反映出一座城市的交通便捷程度。需要通过计算轨道交通线网密度、每万人轨道交通线

---

① 纽约的轨道交通线网长度按照轨道长度而非运营里程计算，由于纽约的地铁系统在大部分线路上都设计了慢车和快车两种轨道，因此轨道线路长度要长于运营线路长度。

网长度这两个指标,才能更好地反映每座城市的轨道交通便捷程度。6座城市按轨道交通线网密度排名,从高到低依次为纽约、伦敦、东京、新加坡、香港、上海。可见,尽管上海的轨道交通线网总规模位居世界前列,但其轨道交通线网密度在6座城市中却位居末尾,与纽约、伦敦、东京等城市差距依然很大。其原因一是上海轨道交通建设起步较晚,距离发展完善还有较长的距离;二是上海的行政区划面积过于庞大,导致地铁难以全面覆盖上海全域,目前上海的轨道交通网络集中于市中心区,在郊区以及郊区与中心城区的连接上还较为薄弱。

表5.1 6座城市的道路及轨道设施建设水平

城市	纽约	伦敦	东京	新加坡	香港	上海
区域面积(平方千米)	784	1 570	2 190	720	1 106	6 341
人口(万人)	862.3	882.5	1 374.3	561.2	741.0	2 418.0
人口密度(人/平方千米)	10 998.72	5 621.02	6 272.63	7 794.80	6 699.64	3 813.28
轨道交通线网长度(千米)	1 070.0	1 225 (2005年)(含地铁、轻轨、通勤铁路)	698 (不包括JR国铁)	183.0 (2014年)	224.0 (2020年从网站获取)	705.0 (2018年)
轨道交通线网密度(千米/平方千米)	1.36	0.78	0.32	0.25	0.20	0.11
万人轨道交通线网长度(千米/万人)	1.24	1.39	0.51	0.33	0.30	0.29
道路线网长度(千米)	10 138 (2020年从网站获取)	14 815 (2020年从网站获取)	24 623	3 496 (2014年)	2 107	18 546

续　表

城市	纽约	伦敦	东京	新加坡	香港	上海
道路线网密度（千米/平方千米）	12.93	9.44	11.24	4.86	1.91	2.92
万人道路线网长度（千米/万人）	11.76	16.79	17.92	6.23	2.84	7.67

注：除单独标注外，所有数据的年份均为 2017 年。

资料来源：根据美国普查局、大都会运输署纽约市运输分局网站、纽约市运输部网站、英国国家统计局、英国政府官网、王磊等（2019）、《东京统计年鉴 2017》、新加坡陆地运输局统计数据、香港路政署网站、中国国家统计局、《城市轨道交通 2017 年度统计和分析报告》《上海 2017 年交通运行年报》《德勤移动出行指数 2017》等资料整理。

5.1.1.2　居民出行方式差异分析

出行方式的选择是城市居民出行偏好的直观反映，它会受到一座城市文化、经济、管理、基建等各种因素的影响。从交通发展的角度来看，城市居民的出行结构特征从侧面反映出一座城市的交通出行效率和绿色环保程度是怎样的。

表 5.2 列出了 6 座世界城市的居民按不同方式出行的比例。可以发现 6 座城市的居民在选择出行方式时，选择公共交通出行的比例都高于选择私家车出行的比例。其中，香港居民选择公共交通出行的比例是最高的，达到 88%，尽管其运输成本相对较高[①]；最低的是纽约，公共交通出行比例为 32%。香港是世界上土地利用和公共交通发展最成功的城市之一，通过合理的居住区、商业区及公共交通枢纽规划，香港形成了公共交通出行占主导地位的居民出行结构。东京在 2008 年的居民公共交通出行比例已高达 51%。这一方面是由于东京的公共交通网络建设极为完善，且运行效率和准点率极高；另一方面也是由于东京极为重视城市布局的规划，经过先后五

---

① 根据 Tan 等（即将发表），在全球 105 座城市中，这 6 座城市中普通居民的交通成本排名如下：伦敦第 18 位；新加坡第 27 位；香港第 30 位；东京第 32 位；纽约第 60 位；上海第 87 位。

次首都圈规划,东京建立起了多中心的"分散型网络结构"(陈秉钊等,2010)。

日益提高的公共交通出行比例是世界城市居民近年来出行的普遍趋势,例如伦敦的公共交通出行比例就由 2000 年的 28% 一路上升到 2017 年的 37%(Transport for London,2018)。许多出现交通拥堵问题的特大城市都采用了各种限制私家车出行的措施和手段,来促使人们选择公共交通出行、自行车出行、步行等可持续的出行方式。

在慢行交通(自行车与步行)方式选择上,除香港外,其他五座城市的出行比例都在 20% 以上,可见即使城市的规模再庞大,慢行交通仍然是人们很重要的出行方式之一。城市在不断完善交通基础设施的同时,应该将步行和自行车出行纳入考量重点。值得注意的是,上海的自行车出行比例高达 16%,远远高于其他城市,这或许与近年来风靡中国的共享单车行业发展有关。

表 5.2　　　　　　　　　　**6 座城市的居民出行方式比例(%)**

城市	纽约	伦敦	东京区部	新加坡	香港	上海(中心城)
时间	2017	2017	2008	2017	2017	2017
私家车	30	36	12	29	7	20
公共交通	32	37	51	44	88	33
自行车	1	2	37	1	3	16
步行	31	25		22	2	24
其他	6(含出租车、轮渡等)	0	0	4	0	7(出租车)

资料来源:根据王磊等(2019)、Transport in London 11、New York City mobility report 2019、《2017 年上海市综合交通运行年报》《德勤移动出行指数 2017》等资料整理。

5.1.2　困境与挑战

交通拥堵不仅是许多大城市挥之不去的"顽疾",也严重影响着城市的宜居性。与交通拥堵现象同步出现的,还有严重的交通空气污染和噪声污染。交通拥堵现象严重降低了城市居民的出行效率,并给城市的经济发展带来隐性的损失,交通空气污染和噪声污染现象则对居民的身体健康和生活质量造成很大的损害。因此,如何治理城市的交通拥堵和交通空气污染、噪声污染是当今城市宜居性建设面临的重大挑战。

5.1.2.1　交通拥堵

几乎所有的世界城市都面临着人口不断增长的压力,而随着经济的发展,城市居民的汽车拥有比例也在不断提升,这直接导致了城市的交通基础设施负担不断加重,道路堵塞情况也随之加剧。交通拥堵的加剧导致城市居民的出行效率降低,并给城市带来间接的经济损失。除此之外,交通拥堵还会使居民大量的时间耗费在公路上,降低居民娱乐文化生活的丰富性和舒适性,最终导致城市宜居水平的下降。交通分析公司 INRIX 发布的 2018年全球最拥堵城市排名榜单显示,伦敦、新加坡、纽约依次排名为第 6 位、第14 位、第 40 位,东京、香港、上海则未纳入排名(INRIX,2018)。可见即使是在公共交通系统发展十分完善的世界城市中,交通拥堵也是一个严重的社会问题。

具体来看,导致交通拥堵的原因可简要归纳为以下几点:

第一,人口规模不断扩大。人口不断向大城市集聚是城市化和城市发展的必然结果(王桂新,2011)。即使是纽约、伦敦、东京等超级世界城市,人口也依然在缓慢增加。随着人口规模的扩张和私人汽车拥有比例的不断上升,城市的道路必然越来越拥挤,轨道交通的负担也越来越大。

第二,交通基础设施建设滞后,公共交通体系仍不完善。由于交通基础设施的建设从开始规划设计到建设完成会经历漫长的周期,这导致了城市的交通基础设施供给往往慢于人口规模和私有汽车的增长速度,交通拥堵也就成为几乎所有大城市发展过程中不可避免的现象。另一方面,当公共交通系统的覆盖面、便利性、准时性难以满足居民的日常出行需求时,居民就会倾向于选择私家车出行,从而使道路变得更加拥堵。

第三,城市布局规划不合理。城市的规划布局对居民的出行路线和通勤距离产生重要的影响,特大城市的"职住分离"现象使得居民"长途奔波"

成为普遍现象,这种通勤模式必然使得城市的道路和轨道交通系统承受严峻的考验。在有限的城市空间中合理规划城市布局,有利于城市交通拥堵问题的改善。

5.1.2.2 交通空气污染与噪声污染

交通空气污染和交通噪声污染这两种现象是伴随着交通拥堵出现的。随着经济的发展和私人汽车的普及,城市的汽车尾气污染和噪声污染状况日益加剧。交通空气污染和噪声污染现象对城市居民的身心健康产生了严重的不利影响,也对城市的可持续发展提出了挑战。伦敦空气质量检测系统显示,伦敦市许多道路两侧的地区都存在空气污染超标的情况(Transport for London, 2018)。

交通空气污染主要包括一氧化碳、二氧化碳、氮氧化物、碳氢化物、悬浮颗粒等各种有害物质。导致交通空气污染的原因可简要分析如下:一方面,尽管世界城市的公共交通系统日趋完善,居民选择公共交通出行的比例也越来越高,但私人汽车出行仍然是居民日常出行的主要方式之一。纽约、伦敦、新加坡、上海的居民私家车出行比例都在 20% 以上。这导致汽车尾气污染成为城市空气污染的重要污染源之一。另一方面,道路两侧高层建筑物的增多也使得汽车尾气不易消散,尾气污染物长期积压在市区,致使空气质量下降。交通噪声污染现象则主要发生在临近街道、机场等地的居住区,主要是由道路与居住区的规划设计不合理导致的。随着城市越来越拥挤,居住区与交通要道难以隔离,交通噪声污染也逐渐成为城市发展过程中的"顽疾"。

5.2 世界城市交通宜居性建设的经验:对于纽约、伦敦、东京、新加坡、香港、上海的比较研究

在城市的快速扩张时期,政府往往会通过兴建道路、铁路、地铁等交通

基础设施的方式来满足居民不断增长的交通出行需求。然而，在城市人口规模急速膨胀和人均收入水平不断提高的背景下，道路和轨道交通等基础设施的供给往往无法满足急速膨胀的私人汽车出行需求，因而交通拥堵现象很难避免。在短期无法提供大量基础设施供给，或者城市用地紧张难以提供更多基础设施供给的情况下，发展公共交通成了解决交通拥堵问题最有效的选择之一。公共汽车、轨道交通的运载效率要远高于私人汽车的运载效率，通过完善公共交通体系，能够使人们的出行方式由私家车出行转向公共交通出行，有效缓解城市的交通拥堵状况。除了发展公共交通之外，另一种行之有效的方式随着现代信息技术的突破和发展来到了城市建设者面前，那就是智能交通系统（Intelligent Transport System, ITS）。智能交通系统的应用能够使城市已有的交通基础设施和公共交通资源得到最有效的利用，使居民出行变得更高效、更安全、更舒适。然而，对很多城市来说，即使建立了完善的公共交通体系，全面应用了智能交通系统，交通拥堵、尾气污染、噪声污染等现象依然会随着人口规模的膨胀和私家车拥有量的上升而不断加剧。面对这一困境，很多政府开始通过政策调控的方式来强行遏制私家车的数量和使用频率，并引导居民选择更为绿色的出行方式，比如步行、骑行以及公共交通等出行方式。本节将从发展公共交通、建立智能交通系统、合理制定调控政策这三个方面出发来介绍世界城市在交通宜居性建设中的经验，希望能为其他城市的交通宜居性建设带来启发。

5.2.1　大力发展公共交通，构建现代化城市交通网络

纽约、伦敦、东京、新加坡、香港、上海这 6 座城市在发展过程中，都逐渐形成了优先发展公共交通的城市交通发展策略，并通过不断扩建和完善轨道交通网络、公共汽车交通网络，努力构建起现代化的城市交通体系。

纽约市公共交通发展：为促进公共交通发展，在国家层面，美国先后颁布了《城市公共交通法》《城市公共交通扶持法》（UMTA）、《综合地面运输

及效率法案》(Intermodal Surface Transportation Efficiency Act)等法律法案。这一系列法律法案的颁布旨在为城市发展公共交通扩大资金渠道,赋予相关管理部门更多道路改造权限,进而帮助城市建立完善的公共交通体系。纽约市的公共交通在政府补贴、民间私有资金、政策优惠等各种举措的支持下发展至今,已建立起了包括地铁、通勤铁路、公共汽(电)车、轮渡等交通工具在内的完善的公共交通体系。

伦敦公共交通发展:伦敦市的公共交通发展可追溯至 19 世纪中叶,那时伦敦人口开始迅猛增长,以马拉的巴士(公共马车)为主要交通工具的公共交通开始快速发展。1863 年,世界上第一条地铁在伦敦开通,在这之后,大量的私人资本开始涌入该领域,促使伦敦地铁建设飞速发展(张卫良,2010)。第二次世界大战后,伦敦的小汽车拥有量急剧上升,交通拥堵状况变得越来越严重,这促使伦敦不得不进一步发展公共交通。到 20 世纪 60 年代末,伦敦的通勤公共交通线路已延伸到距市中心 40 千米处(王超等,2011)。发展至今,伦敦已建立起由地铁、轻轨、郊区重轨、公共汽车、电车、快船等交通工具共同构成的公共交通体系。

东京公共交通发展:东京的经济高速发展始于 20 世纪 50 年代,在此后的 20 年里,东京的私人汽车保有量急剧增长,造成了空前的交通拥堵。此后,东京为了确保轨道交通建设跟上城市发展的速度,出台了一系列政策和举措。如 1972 年实施的旨在为地方铁路改良建设提供补贴(利息补贴)的"P 线方式",很好地促进了东京城郊铁路的建设。在这之后,政府陆续设立了"特定都市铁道建设储备金制度""多元化特许制度",颁布了《特定都市铁路建设促进特别法》《推进大都市宅地开发及铁路一体化建设的特别措施法》等法律法规,极大地丰富了轨道交通建设的融资渠道,保证了东京轨道交通体系的建设。时至今日,东京建成了由地下铁、轻轨、国铁(JR)、电车、公共汽车等交通工具构成的现代公共交通体系。

新加坡公共交通发展:早期的新加坡公共交通由多个小而分散的私人公司运营。20 世纪 70 年代,新加坡政府开始干预公共交通,将分散的私人公共交通公司逐渐合并为一家公司,即新加坡巴士公司(SBS)。1987 年城市轨道交通公司(SMRT)开始运营。2000 年后,两家公司都走上了公共巴士与轨道交通混合经营的道路,并最终发展成为新捷运(SBS Transit)和SMRT 巴士这两大公共交通公司。新加坡公共交通的运营模式高度市场化,政府只负责投资建设道路和轨道等基础设施,两家公共交通公司自负盈亏。这种高度市场化的运营模式也使得新加坡公共交通成为世界上最高效的公共交通网络之一(The Straits Times,2014)。

香港公共交通发展:香港是以公共交通为导向的城市发展战略(TOD)的成功典范。通过以轨道交通枢纽为核心,沿轨道交通轴线开发的发展模式,建成了许多交通便利、商业发达的城市次级中心。在这个发展战略的引导下,香港配套建成了多元化的公共交通系统,包括地铁、轻轨、电车、公共汽车、轮渡等。香港的公共交通系统承担了当地居民将近 9 成的交通出行,是现代公共交通系统成功的典范。

上海公共交通发展:上海作为轨道交通发展起步最晚的城市,相比其他 5 座城市来说公共交通体系仍然不够成熟和完善。上海的轨道交通网络建设始于 1993 年,在不到 30 年的时间里轨道交通线网总里程就达到了 700余公里,成为世界上最大的轨道交通网络之一。而这一进步的代价则是上海的公共交通体系过于依赖轨道交通,地面公共交通体系较为孱弱。从上海自身发展趋势来看,私人汽车的使用量增速要远高于公共交通运量的增速,这说明了公共交通规模增速要低于私人汽车的增长速度,公共交通系统仍然无法满足居民的出行需求。

综上所述,各城市几乎都不约而同地选择了大力发展公共交通的发展战略。不同城市促进公共交通发展的方式有同有异,如东京通过立法的方式拓宽了轨道交通建设的融资渠道,而新加坡、香港的公共交通系统则完全由私有公司运营,通过市场化运营的方式实现了自给自足。

5.2.2　建立智能交通管理体系

城市的土地资源是有限的,随着公共交通体系的完善和城市交通基础

表 5.3   6 座城市公共汽（电）车基本运营信息

城市	纽约	伦敦	东京区部	新加坡	香港	上海
数据获取时间	2016 年	2020 年 2 月从网站获取	2020 年 2 月从网站获取	2020 年 2 月从网站获取	2018 年	2017 年
公共汽车线路数（条）	325	675	130	360＋	约 700	1 496
公共汽车运营总数（辆）	5 710	9 300 左右	1 484	5 800＋	6 000＋	17 461

注：东京的数据仅包含都营公共汽车，香港的数据仅包含专营公共汽车。

资料来源：根据大都会运输署纽约市运输分局网站、伦敦市运输局网站、东京交通局网站、《海峡时报》(2019)、Land Transport Guru、香港政府一站通网站、《2018 上海统计年鉴》。

设施建设的逐渐饱和，政府很难再通过兴建道路和轨道的方式来缓解交通拥堵等问题，比如纽约、伦敦、东京等城市。这使得很多城市开始将目光转向了能够优化城市交通基础设施存量资源的智能交通系统（Intelligent Transport System，ITS，又名智能运输系统）。

从 20 世纪 60 年代开始，美国、欧洲、日本等发达地区或国家开始探索将先进信息技术与交通管理相融合的智能交通管理系统。20 世纪 90 年代，美国、欧洲、日本陆续成立了专门的机构或组织来研究开发相关的系统并将其推广应用。现在，在进行城市交通建设的同时应用智能交通系统已成为大多数城市的共识。

智能交通系统是一种结合了通信技术、传感技术、计算机技术等先进信息技术，能够在城市范围内实时传递信息并进行智能优化控制的综合交通管理系统。通过将出行者、车辆、交通信号灯、交通管理机构联接起来，智能交通系统可以让城市出行变得更智慧、更快捷、更安全、更方便。

纽约市智能交通系统的应用：为建立智能交通系统，纽约市首先在公共汽车上安装了 GPS 全球定位系统，这使得公共汽车的实时位置可以随时被交通管理系统掌握。当公交车晚点时，信号会被发送给道路交叉口的信号灯，信号灯会判断是否对晚点公交车提前给予绿灯。智能交通系统的应用大大提升了曼哈顿的公共交通运行效率和准点率。相比于公共汽车，私人汽车就不具备这种优先权力,这会使得人们更倾向于在高峰期时选择公共交通出行,从而缓解交通拥堵问题。

伦敦智能交通系统的应用:伦敦构建了高度集成的智能交通系统,其中包括道路视频监控系统、道路网络信息采集系统、公共信息服务系统等。通过该系统,伦敦实现了对道路交通状态的实时监控管理,并在全市的主要干道上实现了公交车和交通信号灯双向交流的实时性管理机制。除此之外,2014 年伦敦又创新性地应用了 SCOOT(Split Cycle Offset Optimisation Technique)系统,使得交通信号灯系统可以根据等待红灯的行人数量自动调整红灯时间,提高了行人通行的效率和安全性(Transport for London,2020)。

东京智能交通系统的应用:日本的 ITS 系统主要包括车辆信息与通信系统(VICS)、不停车收费系统(ETC)、先进道路支援系统(AHC)(张暄,2015)。VICS 系统使驾驶者可以实时获取日本道路交通情报中心提供的路况信息,进而提高交通出行效率和安全性。ETC 系统在日本全国的推广使得高速公路的通行效率得以大幅提升。先进道路支援系统(AHC)是一种将多途径收集到的交通信息进行归类、分析、提炼并进一步应用于政策制定、道路管理与改造、科技研发的综合信息系统,为智能交通系统发展和推广应用创造更为有利的条件。

新加坡智能交通系统的应用:新加坡 20 世纪 90 年代起就建立了 ITS 系统,并以 i-Transport 为核心建立了完善的智能交通管理体系。i-Transport 是一个整合并处理信息的平台,其功能类似于日本的先进道路支援系统(AHC),用于将新加坡 ITS 运营控制中心(OCC)收集的路况监视信息和事故处理信息进行整合、利用与传播。除此之外,新加坡还建立了 GLIDE(Green Link Determining System)系统、快速道监视与指挥系统(Expressway Monitoring and Advisory System,EMAS)、停车指导系统(Parking Guidance System)、TrafficScan 系统等智能交通管理子系统,为将来面对各类交通问题的挑战做好充分的准备(Land Transport Authority,2020)。

香港智能交通系统的应用：香港为紧跟世界城市建立智慧城市的步伐，一直在致力于推动智慧出行举措，并于 2019 年发布了《香港智慧出行路线图》。《香港智慧出行路线图》从三个方面出发对香港的智慧出行举措进行了归纳梳理，并勾画出了未来五年的智慧出行战略：（1）智能运输基础设施建设，包括智能交通灯系统先导计划、无停车收费系统、车载智能限速装置、自动驾驶及车联网技术等；（2）数据共享和分析，包括丰富运输署的"香港出行易"手机应用、鼓励公共交通服务运营商开放实时到站数据、开放大数据平台等；（3）智慧出行应用和服务，包括实现多种泊车缴费方式、引入智能泊车系统、建立智能公共运输交汇处等。可以预见的是，在《香港智慧出行路线图》的指导下，香港将在不久的将来建立起较为完善的智能交通系统。

上海智能交通系统的应用：上海于 20 世纪 80 年代开始启动智能交通系统建设，于 2003 年之前引进了澳大利亚的交通信号自适应控制系统（SCATS），并开始建设高速公路收费、监控、通信三大系统。从 2003 年开始，上海逐步建成了道路交通流量自动采集系统、城市快速路监控系统，并相继建成了公共交通智能管理和电子站牌系统，以及区域停车诱导系统等。发展至今，上海智能交通网络的道路信息采集、发布和监控管理已基本实现了对上海市路网的全面覆盖。

在人口不断向城市集聚的大趋势下，智能交通系统成为城市交通建设趋于饱和后的必然选项。综合来看，除香港外的其他五座城市都建立了较为完善的智能交通系统，并实现了道路实时监控功能，以及将人、车、路、交通信号灯等设施联系起来的信息共享功能和交通信号灯智能控制功能。为了鼓励公共交通发展，纽约、伦敦、新加坡等城市都利用智能交通系统实现了公交车先行的智能交通管理策略。除此之外，也有城市走在了智能交通系统应用的前列，创新地应用了一些前沿的智能交通管理模式，如伦敦的SCOOT 系统、新加坡的 i-Transport 平台等。

5.2.3　合理制定调控政策

当城市的交通基础设施趋于饱和，公共交通系统趋于完善，再想通过增加道路供给和公共交通供给的方式缓解交通拥堵和交通空气、噪声污染已不再可行。尽管世界城市几乎都建立了智能交通系统来缓解各类交通问题,但不断增长的人口和私家车数量依然会使城市的交通状况持续恶化。此时,采用行政限制政策和经济调控政策抑制私家车出行才是更加直接有效的手段。

纽约市的调控政策:纽约市采取的行政限制政策主要体现在 1982 年的曼哈顿核心区停车分区法案上。该法案要求限制最大停车位供给量,并每年逐渐降低停车设施的供给数量,然后同步配合增加公共交通供给,以达到限制私家车进入市中心区的目的。此外,纽约市还对商用和私人汽车分类管理,只允许商用货车在特定的时间段停放在规定路段,禁止私人汽车停放在该特定路段。在经济手段方面,纽约市即将于 2021 年开始对曼哈顿中心区的特定区域征收交通拥堵费,该法案于 2007 年被首次提出,并在 2019 年的纽约州预算中得到批准。

伦敦的调控政策:伦敦市主要采用拥堵区收费的经济调控手段来限制市中心的私家车出行。伦敦的拥堵收费政策于 2003 年开始施行,对特定时段进入拥堵收费区的一般私家车辆进行收费。现阶段的收费时段为周一到周五 7∶00 到 18∶00(公共节假日除外),收费标准为每天 11.5 英镑。除此之外,伦敦还设置了低排放区和超低排放区,进入这些区域且不符合排放标准的车辆同样需要缴纳一定的费用,例如对于超低排放区,3.5 吨及以下的车辆每天需要缴纳 12.5 英镑,重型货车及 5 吨以上的公交车等车辆每天需要缴纳 100 英镑。

东京的调控政策:东京几乎没有行政限制类政策或是直接的经济调控手段来限制私家车上路,主要是依靠快捷、高效、准时、完善的公共交通系统来引导人们放弃私家车出行。此外,东京高额的停车收费也限制了居民选择私家车通勤。东京大部分政府部门和企业会给员工大量的公共交通补贴,而不会提供内部车位,这就使得居民更倾向于选择公共交通出行。

新加坡的调控政策:新加坡针对交通拥堵的经济调控政策主要是拥堵收费制度。新加坡创新性地将拥堵收费与智能交通系统相结合,形成了电子公路收费系统。任何进入中心区的车辆在经过该系统时,均会被电子自动计费门扣除一定的费用。若路段拥堵,电子收费系统会实时涨价,促使驾驶者选择更便宜快捷的路线行驶。除此之外,新加坡制定了独特的拥车证(COE)制度,这个制度更像是行政限制手段与经济调控手段的结合。政府每月举行公开竞标,想购买机动车的居民必须先竞拍到拥车证才能购车。拥车证每月公开限量发放,且有期限限制①。

香港的调控政策:香港为抑制私家车保有量增长,主要采取的经济调控手段为对私家车征收高昂的汽车首次登记税。为鼓励新能源汽车上路,香港还推出了电动车首次登记税减免制度。香港运输署的数据表明,在实施首次登记税后相当长的时期内,私家车保有量不升反降,之后的增长也十分缓慢,取得了立竿见影的效果(赵蕾,2013)。

上海的调控政策:上海采取的举措类似于新加坡的拥车证制度,被称为上海牌照拍卖制度。上海牌照拍卖制度正式建立于 1992 年,现在的执行方式为在每月固定的时间进行公开限量拍卖,根据 2019 年 9 月的数据,上海牌照的平均成交价格已达到将近 9 万元人民币,中标率为 6%。与新加坡拥车证制度不同的是,没有竞拍到上海牌照的居民同样可以采用挂外地牌照的方式开私家车上路,只不过外地牌照会受到高峰时段不能通行某些路段的限制。

纵观 6 座城市治理交通拥堵和污染的各类调控政策可以发现,除东京外几乎所有的城市都采取了针对私家车增长的强制性调控政策,且在部分城市取得了不错的政策效果。然而调控政策并不是万能的,比如伦敦在采取拥堵收费政策后,交通拥堵虽然经历了一段时间的缓解,但近年来市区中心的交通拥堵情况再次加剧。这是因为快递行业的兴盛使得越来越多的货运车辆进出拥堵收费区,在私家车主看来高昂的拥堵收费对往返多次的货运车辆来说并不算贵。未来,各城市还需要去探索更为科学有效的交通治

---

① 在新加坡,不同类型的拥车证有效期限不同。其中私家车没有有效期限,但车主需要每十年更新一次拥车证。出租车的有效期限为 8 年。详见 https://www.lta.gov.sg/for more information。

理方案,以避免深陷交通拥堵的泥潭。

表 5.4　　　　　　　　6 座城市治理交通拥堵和污染的调控政策

城市	纽约	伦敦	东京	新加坡	香港	上海
调控政策	1. 曼哈顿中心区停车分区法案; 2. 预计 2021 年施行拥堵区收费政策	1. 拥堵区收费; 2. 低排放区/超低排放区收费	1. 严格施行停车收费制度,严惩乱停车行为	1. 拥车证制度; 2. 拥堵区收费:电子公路收费系统	1. 征收汽车首次登记税	1. 上海牌照拍卖制度

资料来源:由亚洲竞争力研究所和上海社会科学院整理。

5.3　世界城市交通宜居性建设的启示与借鉴

城市的交通宜居性建设强调交通发展在兼顾效率的同时,还要注重城市宜居水平的提升。通过对 6 座城市的经验进行分析,我们从以下几个方面获得了重要的启示。首先,在城市建设发展的初期,提前做好城市规划并避免盲目扩张尤为重要,一旦城市发展建设进入后期,大规模的改造和重新布局将很难实现。这也是很多发达国家城市从 20 世纪 70 年代起开始将交通治理的重心转向交通需求管理的重要原因。其次,城市的土地资源是有限的,这导致城市的交通基础设施供给不可能无限制的增加以满足居民不断增长的交通需求。建立以公共交通为主的交通网络体系,是符合城市发展规律的自然选择。再次,对经济效益的追求是城市发展的重要原动力,然而随着社会文化的进步,以人为本的思想逐渐成为指导城市建设的重要理念之一。结合现代化信息技术建立智能交通系统,不仅能提高城市的交通运行效率,还能够提升居民出行的安全性和舒适度,从而提高城市的宜居水平。最后,长期可持续发展是城市进行一切发展建设的最根本要求,世界城市面对当前并不乐观的城市交通发展前景,已陆续开始致力于营造健康、安全、舒适的慢行交通环境,引导居民绿色出行。

5.3.1 与城市规模扩张同步,合理规划城市布局

人口规模不断膨胀是几乎所有城市都在面临的问题,在城市规模扩张的过程中,能否提前做好规划并合理进行城市布局将对城市未来实现交通需求与供给的平衡产生重要的影响。在城市规划初期,一方面要把土地资源分配和交通基础设施建设同步纳入考量,尽量采取以公共交通为导向的城市土地开发利用模式,在城市扩张的过程中平衡好职住关系;另一方面,规划建立多中心的城市体系可以有效分散中心城区的功能,有利于缓解城市的通勤压力,使城市空间得到更加合理地利用。在城市规划布局过程中,必须考虑未来的人口规模充分增长后的城市形态,未雨绸缪做好准备。一旦城市发展进入成熟期,城市管理者再想通过改变城市规划的方式解决城市困局就为时已晚。

5.3.2 与城市发展规律契合,构建公共交通为主的现代化交通网络

随着城市人均收入水平的不断提高,城市居民的交通需求也会随之水涨船高,城市在发展过程中会逐渐遭遇交通供给难以满足交通需求的困境。在城市土地资源供给有限的情况下,大力发展以公共交通为主的交通网络能够更加有效地利用有限的交通资源。为了用公共交通出行逐步取代私家车出行,必须建立完善的公共交通体系,并根据城市布局合理规划公共交通线路。除此之外,还应根据城市的规模和布局合理选择交通类型,在大城市建立轨道交通与地面交通相配合的公共交通体系;在小城市则应以地面交通为主,不断完善公共汽车线路。

5.3.3 与建设宜居城市协调,建立智能交通系统

交通便捷程度和舒适程度与城市的宜居水平息息相关。通过建立智能交通系统,可以使城市交通出行更为便捷和舒适,从而提高城市的宜居水平。第一,在交通供给维持一定水平的情况下,智能交通系统将通过实时信

息共享功能帮助居民选择最有效的行驶路线,从而大幅提升居民的出行效率,并为居民提供更为舒适的出行环境。第二,智能交通系统将可以通过实时监控、智能限速等子系统为居民提供更为安全的驾驶、骑行和步行环境,降低交通事故发生率,更好地保障居民的生命财产安全。第三,通过智能交通系统收集到的交通大数据可以被充分整合、利用并产生更大的管理、科研和经济价值,促进各相关行业蓬勃发展,为建设智能城市,提升城市的宜居水平打下坚实的基础。

5.3.4　与城市可持续发展契合,引导居民绿色出行

在城市的发展扩张过程中,以经济增长为单一导向的发展模式使得城市逐渐形成了不利于慢行交通的出行环境。数量不断攀升的私家车占据了城市道路,这不仅严重降低了城市交通运行效率,还会产生严重的交通空气、噪声污染。越来越多的私家车也使汽油等能源的消耗不断增加,城市发展的可持续性正面临着严峻的挑战。在城市交通总供给量有限的情况下,引导居民选择公共交通、骑行、步行的绿色出行方式能改善城市的交通拥堵和污染状况,并有利于实现长期且稳定的交通供需平衡,保证城市的可持续发展。为了引导居民绿色出行,需要营造舒适、安全、健康的出行环境,并在规划城市道路时着重提升居民的慢行交通体验,增加公共交通供给,构建绿色可持续的交通出行模式。

参考文献

陈秉钊,罗志刚,王德. 大都市的空间结构——兼议上海城镇体系[J]. 城市规划学刊,2010(02): 8 - 13.

王磊,蔡逸峰. 与全球城市对标的上海市交通基础设施研究[J]. 城市交通,2019,17(04): 35 - 41 + 10.

王桂新. 中国"大城市病"预防及其治理[J]. 南京社会科学,2011(12): 55 - 60.

张卫良."交通革命":伦敦现代城市交通体系的发展[J]. 史学月刊,2010

（05）：76 - 84.

王超,林清华. 国际大城市交通拥堵社会问题处理经验借鉴——基于交通社会学的
视角[J]. 当代经济管理,2011,33(01)：50 - 54.

张暄. 对东京整治城市交通拥堵政策的分析与研究[J]. 城市管理与科技,2015,17
（03）：78 - 81.

赵蕾. 城市交通拥堵治理：政策比较与借鉴[J]. 中国行政管理,2013(05)：82 - 85.

INRIX. Global Traffic Scorecard. 2018. https：//inrix. com/scorecard/.

Land Transport Authority. Intelligent Transport Systems. 2020. https：//www.
lta. gov. sg/content/ltagov/en/getting _ around/driving _ in _ singapore/intelligent _
transport_systems. html.

Sim，Royston. Study：Singapore's public transport system one of world's most
efficient. The Straits Times. 2014. https：//www. straitstimes. com/singapore/
transport/study-singapores-public-transport-system-one-of-worlds-most-efficient.

Tan，Khee Giap，Tao Oei Lim，Yanjiang Zhang，and Isaac Tan. Global Liveable
and Smart Cities Index：Ranking Analysis，Simulation and Policy Evaluation.
World Scientific. 2019.

Tan，Khee Giap，Wing Thye Woo，Kong Yam Tan，Linda Low，and Grace Aw.
Ranking the Liveability of the World Major Cities：The Global Liveable Cities
Index (GLCI). World Scientific. 2012 & 2014.

Tan，Khee Giap，Xuyao Zhang，Tao Oei Lim，and Sky Jun Jie Chua. 2019 Annual
Indices for Expatriates and Ordinary Residents on Cost of Living，Wages and
Purchasing Power for World's Major Cities. Forthcoming.

Transport for London. 2018. "Transport in London，Report 11." Tech. rep.
http：//content. tfl. gov. uk/travel-in-london-report-11. pdf.

第6章 结束语：从普通市民的角度构建一座全方位宜居的城市

　　人生一定要尽量过得充实。我们需要从个人成就中获得满足感，并从对社会的贡献中获得成就感，这样才能过得充实。对大多数人来说，能否充实地生活与他们所居住的地方有着不可分割的关系。这一方面是因为故乡在我们的心灵上有着原始而强烈的情感牵引；另一方面是因为某些城市在某些职业领域中有着更好的发展机会。

　　世界上相当大一部分的人口其实并没有居住在他们出生的城市，这个事实揭示了"优先居住地"现象，即存在一些人们都愿意迁入的地区。然而，由于世界各国都对人口大规模跨国流动有约束性限制，我们无法单纯地使用居民的所在地来反映出世界人口对不同城市的"显性偏好"。（陈企业等，2012 和 2014）

　　中国城市宜居指数（CLCI）对中国 100 座城市的宜居度进行了排名，其实现主要目标的同时包含了以下几个新颖之处（陈企业等，2019）：

- 从当地普通市民的视角出发；
- 将普通市民构建成对经济福利、社会向上流动性、个人安全、社会文化状况、政府治理、环境可持续性、数字智能等问题有多维感知能力的人；
- 快速的城乡人口迁移导致了中国大城市的出现，从而引起了人们对医疗、住房、教育和交通等基本公共服务的激烈竞争；
- 全球化进程的加快导致了自然资源的枯竭，以及对环境可持续性的侵蚀；

● 大规模的城市现代化导致了社会文化状况的错位；

● 犯罪、恐怖主义、流行性病毒的爆发等事件造成的公共秩序恶化，会严重损害公众对政府、社会安全和城市稳定性的信任；

● 新媒体带来的相对自由且迅速传播的公共信息，使网民开始有能力推动政府进一步落实问责制以提升治理能力。

本书第 2 章对方法论进行了探讨，详细阐述了夏普利权重法和均权法，并由此得到了关于 100 座城市的实证研究结果和"假设"模拟排名分析结果，这些结果被放在第 3 章中进行了展示，其中有一些有趣和出乎意料的结果。在地区安全与稳定大类中，有些结果令人非常惊讶，即香港（第 100 位）和台湾的台北（第 88 位）、高雄（第 98 位）和台中（第 99 位）的排名非常糟糕，这是因为随机电话调查恰巧是在 2019 年第三季度进行的，这个时期恰好是四座城市的居民对当地社会存在强烈不满情绪的时期。

基于 2014 年和 2019 年对中国 100 座城市居民的调查，第 4 章关于城市宜居模式的模拟研究表明，改善交通服务、基础设施和地区安全状况对提升城市宜居性至关重要。从 2014 年到 2019 年，人们对城市宜居性的评价和感受出现了明显的变化，且人们的感受与现实之间存在着显著的差异，决策者必须对此予以重视，并着手解决这些暴露出来的缺陷。

在第 5 章中，我们做了一项关于城市交通宜居性建设的专题性案例研究，该研究选取了两座有代表性的中国城市，并将它们与另外 4 座全球城市进行了比较分析。

对"2019 年亚洲竞争力研究所-上海社会科学院中国城市宜居指数：排名、模拟分析及政策评估"的评论(一)

Timothy McDonal，自由撰稿人

祝贺你们完成了一项十分耗费心血的详尽研究,作者研究了如此之多的变量。我想该研究的电话调查一定是非常细致的,且通话时间必定会相当久,所以我猜你们一定找到了一些非常耐心的受访者。我不得不承认我有点不知所措,因为我此前实在是对烟台一无所知。我的意思是,现在我已经对它有了充分的了解。我已经看到了结果并且为此做了充分的准备。这座城市的确很美。它既有沙滩又有山脉。或许我该抽个时间去看看这座城市。讽刺的是,我对宜居性排名最末的城市哈尔滨却了解更多一些,因为它的冰雕大赛实在有名。我对厦门能获得第三名也同样很感兴趣。当然,许多新加坡人的祖籍都可以追溯到福建省,所以当他们听到曾祖父当年离开的这座城市在当今这个时代发展很不错时,想必会感到很开心。

关于这项研究的一些观察

第一,大与小。值得注意的是中国三座最大的城市,北京、上海和深圳都进入了前十名,尽管广州和天津的排名远远落后这点同样引人注目。我因为以下一些原因对这个现象十分感兴趣。首先,如果你看一下全球的宜

居城市排名，就可以发现世界范围内的超大城市在这个方面大多表现不佳。东京或许是一个醒目的例外。但亚洲的其他超大城市，如雅加达、马尼拉和曼谷，排名都非常靠后，甚至纽约和伦敦的排名也较为落后。

从传统的观点来看，城市越大，其管理难度似乎也越大。大城市的通勤时间通常会更长。它们的治安也更难维护。如果是在富裕国家，它们的居住成本还会变得非常高。

导致这个结果的原因是多种多样的。其中一个原因或许是，全球指数需要选择一定数量的城市，而小城市往往不会被包括在内，因此事实上我们只是在比较每个国家最大的那些城市。我们只知道维也纳是奥地利最好的城市，而无法在名单上看到甘兹、萨尔茨堡或其他奥地利城市。或许这只是该指数的程度要求。并不是每个指数都会去研究一个国家的100座城市。

另一种可能是，中国中央政府向大城市投入更多的资源，这在某种程度上取得了成效。换句话说，中国的大城市之所以能有更好的表现是因为它们拥有更多的资源。

也许这只是钱的问题。在大多数此类指数排名中，城市的财富与宜居性之间都存在相关性。而在中国，大城市往往拥有更多的钱。

这还引出了一个更具哲学意义的问题，即在当今时代下我们该如何定义一座城市。珠江三角洲有很多城市——它可以说是世界上最大的城市集聚区。我们通常会接受城市的行政边界划分，但如果两座城市联系过于紧密，大量的人口在城市之间通勤，那我们还能把它算作两座城市吗？除了这个地区，还有大阪和京都，以及达拉斯-沃斯堡大都会——这两座城市组合都共享着一座机场——但我们可以就这样把它们算作一座城市吗？

想必这项调查是在香港的社会动乱开始以后进行的。如果是在6个月之前进行这项调查，我怀疑结果会非常不同。因此香港在城市治理和安全方面排名不高是很明显的结果。

这里包括一项调查研究——我并没有看过调查问卷——但香港居民由于社会动乱而对公共交通给出非常糟糕的评价，这一点使我很吃惊。这或许是一个"相对"的评价。他们认为公共交通现在很糟糕或许是因为过去的交通服务实在太好了，而现在，公共交通已无法满足人们过去那么高的期待。

这终归并不是一个客观的衡量标准——因为总体来说，香港的通勤还是要比苏州的通勤更容易一些的。

社会动乱对香港的居民有着切实的影响，所以我们绝对不能忽视这一点。但我的问题是，这些主观评价是否把香港拉到了过低的位置？是香港真的只能排到第 94 位，还是说香港的这个排名是一个反常的结果，就如新加坡在生活成本指数排名中表现的那么反常一样？

同样，我对香港在其他方面糟糕的排名表现也十分吃惊。例如，在环境方面，台北、澳门和香港的排名都非常低。

我们该怎么解释这个现象呢？这是否表明，中国内地已经在许多方面追赶上来，而不像其他指数中反映的那样差距依然很大？我们知道中国政府对改善城市环境的兴趣越来越大。当市民抱怨后，西方城市开始采取行动——我们知道中国也在发生着同样的事情。

还是说中国内地以外的城市是时候加大环保力度了？它们已经落后了吗？

关于这类研究的一些更广泛的观察

这是所有此类指数研究的基本问题，本质上来说，就是各种各样的假设被一起放在了指数研究之中。对美世咨询和经济学人智库来说，它们的目的是为那些有海外派遣人员的公司创造一个工具。这就使研究的过程和结果带有了倾向性。

几年前我对经济学人智库的生活成本指数提出了这个问题。多年来，这个指数都将新加坡评为世界上生活成本最高的城市。如果你按外派人员的生活方式去生活，并坚持在这个没有车也可以生活的城市拥有一辆车的话，那么他们结论就是对的。

但是在这类研究中，经济学人智库不能单纯地忽略掉新加坡的汽车数量。不同地方的数据需要保持一致性。但在现实世界中,这是一个很高的要求。也许你所衡量的一篮子商品在某个地方可能行得通,但在另一个地方就行不通了。也许你的一篮子商品里的某种奶酪在某座城市很贵,而这只是因为那里没有人吃它,你只能在一些徒有虚名的高级杂货店里找到它。同样地,可能存在一些不一样的政策——比如新加坡的拥车证制度——这些政策会让你的结果变得稍微有些奇怪。

请注意,这并不是说所有的数据都受到了污染,并因此都应该被抛弃掉。这只是一个提醒,它告诉我们这种方法是存在很多问题的,因此我们在使用这些结果时需要谨慎一些。

编辑们大多比较喜欢名单或者排名——它们简单明了。想想看,诸如新加坡是世界上生活成本最高的城市,维也纳是世界上最适合居住的城市,烟台是中国最适合居住的城市之类。

它们是简单明了的陈述,它们看起来更容易被理解。但事实是,当你去深入挖掘时,这些问题就会变得复杂得多。

所有那些有关新加坡是世界上生活成本最高的城市的新闻报道似乎都有些牵强。事实远比那些报道复杂得多,任何一个在旧金山旅行后被自己的信用卡账单惊呆的人都会告诉你这一点。

但这让我想到了另一个问题,那就是为什么要做这些研究?我们要用这些宜居指数来说明什么呢?这些指数有现实的应用吗?你们希望它被用来做什么呢?这个项目的局限性又有哪些呢?

"宜居性"是一个比生活成本更棘手的概念

就个人而言,我认为宜居指数实际上比生活成本指数更难捉摸。这是因为我们试图用客观的方法来解决对大多数人来说非常主观的问题。

如果一杯咖啡是 15 美元——我们都会认为这太贵了。或者我们至少会承认其他地方有更便宜的咖啡。价格是一个相对更客观的指标。

我看了美世咨询的指数,发现奥克兰的排名非常高,是座很棒的城市,但对我来说可能有点过于安静了。我和许多年轻的新加坡人交谈过,他们在珀斯已经结束了一个学期的课程,我想知道为什么珀斯的一切都关得这么早。对我个人来说,布宜诺斯艾利斯似乎是一座宜居的城市——但没有家人支持我,并且我这么想的前提是我的工资都是用海外货币支付的。它只排到了 91 位。旧金山是美国排名最高的城市,但老实说,它看起来就像是一座被高估的交通堵塞严重的城市——尽管它还是一座不错的海港,但我认为悉尼、香港和伊斯坦布尔都比它要好。

我想知道第 1 名和第 20 名之间到底有多少差距。维也纳比巴格达更宜居这点大概没有人有异议,但维也纳和排名第 31 位的赫尔辛基之间的差距有多大呢？

这些排名到底意味着什么呢？

如果维也纳比纽约好那么多,而且今年它在几项指数中都名列前茅,那么它著名的歌剧院里是否挤满了心怀不满的纽约人呢？我想并没有。近几十年来,中国城市化率快速提高,但农民工们是否像他们涌入上海或北京那样涌入了烟台？同样地,我想答案是否定的。

据我所知,宜居性指数普遍如此。如果人们都会搬到最适宜居住的城市,那么墨尔本和温哥华可能会成为世界上最大的城市。这说明了什么呢？是人们不关心宜居性吗？

当然,拥有执行力强的政府、清洁的空气、良好的公共交通和强大的经济无疑是好的。但是否有其他更加重要因素存在呢？

或者其实经济因素比其他因素更重要？在排名中,香港是最具经济活力的城市。我们是否该赋予经济因素更大的权重呢？

对香港来说,它在该指数中如此之低的排名应该引起我们对这个问题的重视。我认为这应该是这类指数排名的本质问题。你只管预先做好设定,然后就不再管结果如何。

所以我的最后一个问题是,你认为你能让香港人相信他们在烟台会有更愉快的生活吗？我不知道这个问题的答案。答案可能会远远超出社会骚乱的问题——香港的生活成本可是很高的。

有一些迹象表明,在西方国家,人们正在远离大城市。前所未见地,纽约和伦敦竟然开始出现了人口下滑的迹象——这是由于一些香港人并不陌生的原因，那就是房地产价格昂贵，而你却赚不到多少钱。在这个时代，你是能够远程办公的。

所以，烟台的优势是否更大了呢？

对"2019 年亚洲竞争力研究所-上海社会科学院中国城市宜居指数：排名、模拟分析及政策评估"的评论(二)

王卉彤博士，中央财经大学财经研究院教授

从 2012 年开始，陈教授和他的团队就开始研究宜居城市的概念。亚洲竞争力研究所关于宜居城市已经发表了一系列的研究成果，比如全球宜居城市指数。城市宜居性是亚洲竞争力研究所的主要研究领域之一。亚洲竞争力研究所和上海社会科学院联合开展了这项名为"2019 年亚洲竞争力研究所-上海社会科学院中国城市宜居指数"(下文简称指数)的研究。鉴于中国的居民在国家日益繁荣的背景下开始寻求更好的经济福利和更高的生活质量，该指数考察了中国社会经济发展的关键问题。我认为该指数有两个贡献是值得称赞的。

第一点，该指数是对宜居性构成要素的一次初步而又全面的尝试。一般来说，对中国城市宜居性的研究大多仅涵盖中国内地的 31 个省份或 4 个地区(东北、西部、中部和东部)。然而，该指数把香港、澳门和台湾的城市也囊括了进来，使得这份排名更加科学合理。这项研究是由新加坡最好的智库之一亚洲竞争力研究所和中国最好的智库之一上海社会科学院共同完成的，确实意义非凡。我认为这次的合作非常成功。我希望这项研究能够为这两个机构今后的合作提供更多的可能。第二点，本研究采用了与亚洲竞争力研究所以往研究相同的严谨的研究方法。这些方法是非常严谨的，有以下四点原因。

第一点是该指数框架包含四个层次——120 个指标、18 个子类别、5 个大类和 1 个综合指标。由于采用了更广泛的指标和类别，该框架要更加的全面和平衡。例如，该框架还在排名中纳入了普通居民的观点。

第二点是该指数采用了基于夏普利值的客观的权重方法，这是一种"自下而上"的方法。这就减少了分配权重的主观性和随意性。夏普利值法在合作博弈论中有着广泛的应用。

第三点是亚洲竞争力研究所和上海社会科学院进行了"假设"模拟分析来回答"那又会如何"的问题。因此，该指数可以给出更具建设性和可靠性的政策建议。这样一来，每座城市都可以在排名较低的领域采取行动，以改善自己的表现。

第四点是该研究同时使用了硬数据和调查数据。调查数据是通过对中国 100 座城市做随机电话调查得到的，并且要求每座城市至少收集 300 份有效回复。

我对有关香港的研究结果特别感兴趣。尽管 2016 年香港的地区生产总值很高，但在该指数中它只排到了 100 座中国城中的第 94 位。香港表现如此糟糕的主要原因是它在地区安全和稳定以及城市治理方面排名倒数。香港在这两个大类中排名很差的原因是它在电话调查中的得分非常低。由此我们可以推断，香港人对城市的安全和稳定存在严重的不满。

香港的稳定发展对中国十分重要。我希望这项研究能为解决香港的问题提供政策建议。同时我也希望在粤港澳大湾区能够开展同类的研究。

亚洲竞争力研究所和上海社会科学院还开展了一项有趣且充满意义的研究。这是一项关于全球城市交通宜居性的比较研究，涉及的城市包括纽约、伦敦、东京、新加坡、香港和上海。众所周知，中国的交通基础设施建设能力很强。然而，未来上海在交通方面的宜居性会更好还是更差仍然是个问题。我希望这项研究能为上海如何提高宜居性提供一定的政策建议。

最后，我希望亚洲竞争力研究所和上海社会科学院的联合研究团队在未来能够发表更多优秀的论文，并提供更多的政策建议。

对"2019 年亚洲竞争力研究所-上海社会科学院中国城市宜居指数：排名、模拟分析及政策评估"的评论(三)

王兴国博士,山东社会科学院教授

刘爱梅博士,山东社会科学院农村发展研究所副教授

钱进博士,山东社会科学院经济研究所助理研究员

新加坡国立大学李光耀公共政策学院亚洲竞争力研究所近年来非常关注中国及其周边城市竞争力及宜居城市发展的状况。在今年与上海社会科学院合作开展的中国宜居城市指数研究中,他们重点研究了中国 100 座城市的宜居水平。其研究结果为中国城市的发展、建设和政策方向提供了有价值的参考。

1 本研究有三个值得关注和肯定的特点

1.1 选择"中国城市宜居指数"作为研究评估对象具有重要意义

"城市是否宜居"是世界各国普遍关心的问题,中国城市经过改革开放 40 年的发展,发生了天翻地覆的变化。1978 年中国的城市(仅包括地级市)数量是 98 座,到 2018 年,增加到 294 座,城市人口从 1.7 亿增加到8.3 亿。中国城市及城市人口数量的快速增加,主要是由中国快速的城市化过程带来的。城市化带动了中国城市与经济的快速发展,但并没有带来城市"贫民窟"现象,为世界经济社会发展做出了重大贡献。针对城市

化过程中出现的交通拥堵、房价升高等问题,近些年来中央政府与各地方政府都在不断探索改善的途径和方法。许多城市把"宜居"作为城市发展的目标,并不断改善交通拥堵以及环境污染状况,提升城市的宜居水平。在这个背景下,该项目的研究对中国政府及普通居民都有十分重要的参考作用。

1.2 这项研究创造性地采用了"普通市民的视角"

目前中国及世界上有一些对中国城市宜居指数的研究,它们的研究对象常常定位于社会精英层面,因而对"宜居"的定义较为狭隘。本项研究则关注社会大众的意见,并从普通居民的视角出发进行研究。而且,本研究所选取的评价指标更能代表普通市民的利益。这些指标涵盖了教育的平均质量、公共运输设施的充足程度和医疗保健成本等。我们也注意到本研究得出的结论也与其他研究的结论有所不同。这意味着,排名靠前的城市是对普通市民更加宜居的城市,而不一定是对社会精英宜居的城市。因此这是一项很有特色的研究。

1.3 该研究选取的指标数量多,涵盖面广,从而保证了评估的客观性

指标选取的理想与现实之间的矛盾是计量经济学不可避免的问题。经过反复考虑,亚洲竞争力研究所最终留下了 5 大类(即经济活力与竞争力、环保与可持续性、地区安全与稳定、社会文化状况、城市治理)120 个实际指标。这 120 个指标中有一部分指标是由硬数据确定的,有一部分则是由电话调查获得的数据确定的。如研究中提到的,每座城市至少要采集 300 份成功回复。所以电话调查的工作量是十分巨大的。相对其他类似研究来说,亚洲竞争力研究所研究选取的指标数量多、涉及面广,因而能很大程度地保证研究的客观性。

2 该研究也有很大的实用价值

2.1 亚洲竞争力研究所的研究关注区域及城市发展问题，对促进区域合作与城市发展有重要意义

亚洲竞争力研究所近年来把地方竞争力、区域发展及城市宜居指数作为周期性的项目来做。这些研究虽然侧重点不同，但是都属于区域经济研究的大范畴。它们对中国的区域发展形势形成了较为全面和持续的研究。这一系列的研究不单单对区域经济学学科作出了重要的贡献，还鼓励中国不同区域、不同城市之间寻找彼此潜在的合作领域，并进行联合发展。

2.2 该研究给出了中国100座城市的宜居性排名，并为提升城市宜居性提供了实用的政策支持

亚洲竞争力研究所不仅研究城市宜居指数的排名情况，还试图利用"假设"模拟分析来回答"那又该如何"的问题。该项目能为所研究的100座城市提供一个实用的参考框架。该研究既能帮助我们发现一座城市的优势与不足，也能帮助我们发现其他城市的优势与不足。通过在同一个基准下进行比较，这些被找出来的优势和不足具有很高的实用性，我们相信那些能够有效利用这些结果的地区一定可以变得更好。

2.3 这项研究的结论表明，城市宜居指数排名较高的城市或许并不是经济活力最高的城市，这为中国加强城市社会治理提供了理论依据

山东烟台的城市宜居指数排名第一，但是经济活力与竞争力排名是第43位。香港的经济活力与竞争力排名第1，但是它的总体宜居性排名是第94位。这些结果表明经济发展程度更高的城市，其宜居指数不一定更高。这个结论与很多城市居民的感受是一致的。一座城市要想成为更加宜居的城市，不仅要发展经济，还要加强社会治理。正如中国的习近平主席多次强

调的,我们要"推进新时代市域社会治理现代化……增强人民群众的获得感、幸福感、安全感"。这项研究为中央政府不断加强城市社会治理提供了有力依据,也会鼓励地方政府不断为提升宜居水平而努力。

3 几点建议

3.1 增加"城市治理"类的客观指标

近年来,中国各地方政府在城市治理方面做了大量的工作,例如通过建设地铁、高铁改善交通拥堵状况,关闭高污染企业以改善城市环境,增加对城市社区居委会(城市治理的最基层单位)的资金投入和人员配备。如果我们对"城市治理"范畴的关注能够更广泛一些,也许我们还能发现一些可用的客观指标。因此,我们建议在"城市治理"类增加更多的客观指标。

3.2 进一步深化和提升改善城市宜居水平方面的研究

我们强烈鼓励亚洲竞争力研究所利用其他数据进一步扩展该研究,以此来分析制约城市宜居水平提升的因素,并提出解决方案。

3.3 对宜居城市进行长期排名,并对结果做年度更新

排名的年度变化在某种程度上具有随机性,且不足以提供长期的指导。因此,如果后续能有每 5 年或 10 年一次的追踪研究,将对城市的长期发展提供更有益的指导。

附录 A　排名的计算法则

A.1　均权法

计算中国城市宜居指数的计算步骤如下：N 代表城市座数，M 代表实际指标个数，C 代表大类总数，每个大类包含 S 个子类别。

（1）计算实际指标 $j(j=1, \cdots, M)$ 的平均值，

$$\bar{X}_j = \frac{1}{N} \sum_{i=1}^{N} X_{ij}$$

公式中 X_{ij} 代表城市 $i(i=1, \cdots, N)$ 中实际指标 j 的值。

（2）对每一个实际指标 $j(j=1, \cdots, M)$，计算其标准偏差，

$$SD_j = \sqrt{\frac{1}{N} \sum_{i=1}^{N} (X_{ij} - \bar{X}_j)^2}$$

（3）计算每座城市 $i(i=1, \cdots, N)$ 中每个实际指标 $j(j=1, \cdots, M)$ 的指标标准化值（SVI），

$$SVI_{ij} = \frac{X_{ij} - \bar{X}_j}{SD_j}$$

（4）计算各座城市 $i(i=1, \cdots, N)$ 每个实际指标 $j(j=1, \cdots, M)$ 的可排序指标标准化值（RSVI）：

$$RSVI_{ij} = \begin{cases} SVI_{ij}, \ if \ a \ higher \ value \ is \ better \\ -SVI_{ij}, \ if \ a \ lower \ value \ is \ better \end{cases}$$

（5）按每个实际指标 $j(j=1, \cdots, M)$ 的可排序指标标准化值（$RSVI$）对城市进行排名，排名较高的城市将拥有较高的 $RSVI$。

（6）对每座城市 $i(i=1, \cdots, N)$，计算每个大类 $l(l=1, \cdots, C)$ 中每个子类别 $k(k=1, \cdots, S)$ 的 $RSVI$，

$$Raw\_RSVI_{i, lk} = \frac{1}{y_{lk}} \sum_{p=1}^{y_{lk}} RSVI_{i, j_{lk, p}}$$

$$Mean\_RSVI_{lk} = \frac{1}{N} \sum_{i=1}^{N} Raw\_RSVI_{i, lk}$$

$$SD\_RSVI_{lk} = \sqrt{\frac{1}{N} \sum_{i=1}^{N} (Raw\_RSVI_{i, lk} - Mean\_RSVI_{lk})^2}$$

$$RSVI_{i, lk} = \frac{Raw\_RSVI_{i, lk} - Mean\_RSVI_{lk}}{SD\_RSVI_{lk}}$$

其中 y_{lk} 代表大类 l 下的子类别 k 含有的指标数量，$(RSVI_{i, j_{lk, 1}}, \cdots,$ $RSVI_{i, j_{lk, y_{lk}}})$ 是城市 i 的大类 l 下的子类别 k 下每个实际指标的所有 $RSVI$ 值。

（7）计算各座城市 $i(i=1, \cdots, N)$ 每个大类 $l(l=1, \cdots, C)$ 的 $RSVI$，

$$Raw\_RSVI_{i, l} = \frac{1}{S_l} \sum_{k=1}^{S_l} RSVI_{i, lk}$$

$$Mean\_RSVI_l = \frac{1}{N} \sum_{i=1}^{N} Raw\_RSVI_{i, l}$$

$$SD\_RSVI_l = \sqrt{\frac{1}{N} \sum_{i=1}^{N} (Raw\_RSVI_{i, l} - Mean\_RSVI_l)^2}$$

$$RSVI_{i, l} = \frac{Raw\_RSVI_{i, l} - Mean\_RSVI_l}{SD\_RSVI_l}$$

其中 $(RSVI_{i, l1}, \cdots, RSVI_{i, lS})$ 是在各个大类 l 下 S 个子类别的 $RSVI$ 值。

（8）计算城市 $i(i=1, \cdots, N)$ 的总排名分数，

$$Raw\_R_i = \frac{1}{C} \sum_{l=1}^{C} RSVI_{i, l}$$

$$Mean\_R = \frac{1}{N} \sum_{i=1}^{N} Raw\_R_i$$

$$SD\_R = \sqrt{\frac{1}{N} \sum_{i=1}^{N} (Raw\_R_i - Mean\_R)^2}$$

$$R_i = \frac{Raw\_R_i - Mean\_R}{SD\_R}$$

R_i 值更高的城市排在 R_i 值更低的城市前面，R_i 值最高的城市就是宜居水平最高的城市。

步骤(5)按每个实际指标计算了各城市的排名。在计算该排名前，算法的步骤(4)调整了 $RSVI$ 值，使得较低的值可以表示较高的城市发展水平。到底是更高还是更低的指标值更能反映城市的宜居性取决于所用指标的性质。以实际指标"1.1.01 人均地区生产总值"和"1.1.04 通货膨胀率(城市居民消费价格指数)"为例，更高的人均地区生产总值和更低的居民价格消费指数都表示更好的经济表现。因此，为了计算排名，步骤(4)的处理能够使所有实际指标的标准化值都一致起来。

步骤(6)计算了各城市子类别的排名。该步计算了子类别中所有指标的 $RSVI$ 均值，然后与其他城市进行比较。$RSVI$ 均值更高的城市在该子类别中排名更靠前。为计算每个大类下各城市的排名，步骤(7)列出了对子类别的 $RSVI$ 值进行合计的详细过程。

最后，步骤(8)将每个大类的 $RSVI$ 值进行加总，从而确定了各城市的总体排名。$RSVI$ 值高的城市排名比 $RSVI$ 值低的城市靠前。尽管每个主类别中子类别的数量和指标数量都不同，中国城市宜居指数对每个主类别都赋予了相同的权重，即 20%。这是因为在计算中国城市宜居指数的过程中，每个大类都同样重要。每座城市都按照此算法进行重复一致地计算，以保证排名的精确性。

A.2　夏普利权重

我们将在本附录中介绍这种"自下向上"的方法。我们首先进行指标层面的计算,然后进行子类别和大类层面的计算,最后进行指数的构建。

A.2.1 指标层面

对每一个指标 $i \in I$ 和每一个经济体 $e \in E$,标准化值(或 z-score)是

$$SV_{ei} = \frac{X_{ei} - \bar{X}_i}{SD_i},\tag{1}$$

其中 X_{ei} 代表指标 i 在经济体 e 中的数值,$\bar{X}_i = \frac{1}{E} \sum_{e=1}^{E} X_{ei}$ 是指标 i 的均

值,$SD_i = \sqrt{\frac{1}{E} \sum_{e=1}^{E} (X_{ei} - \bar{X}_i)^2}$ 是指标 i 的标准偏差。

现在,用 v^I 表示指标的特征函数,其中 $v^I : 2^I \rightarrow \mathbb{R}$。对每个指标 $i \in I$, $v^I(i) : \mathbb{R}^E \rightarrow \mathbb{R}$ 表示对所有的经济体 $e \in E$,指标 i 的值都来自 X_{ei}。由于我们在案例研究中纳入了大量的指标,为了便于数值计算,我们简单地将它定义为

$$v^I(i) = \sum_{e=1}^{E} |SV_{ei}|.\tag{2}$$

这里运用了绝对值,因为:(1)它保证了 $v(i)$ 的值是正的,这是夏普利值定义中的要求;(2)所有标准化值的简单加总值为 0,即 $\sum_{e=1}^{E} SV_{ei} = 0$。

我们进一步假设特征函数 v^I 具有可加性,即

$$v^I(i \bigcup j) = v^I(i) + v^I(j),\text{对任意指标 } i, j \in I.\tag{3}$$

在做好这些定义后,我们能够计算指标 $i \in I$ 的夏普利值 Φ_i^I 了。

$$\Phi_i^I = \sum_{\mathbb{II} \subseteq I \backslash \{i\}} \frac{|\mathbb{II}|! \, (I - |\mathbb{II}| - 1)!}{I!} (v^I(\mathbb{II} \bigcup i) - v^I(\mathbb{II})),\text{对所有 } i \in I$$

$$\tag{4}$$

利用可加性假设,(4)式可简化为

$$\Phi_i^I = \sum_{\amalg \subseteq I\backslash\langle i\rangle} \frac{\mid\amalg\mid!\ (I-\mid\amalg\mid-1)!}{I!}(v^I(\amalg\bigcup i)-v^I(\amalg)) \tag{4 *}$$

$$= \sum_{\amalg \subseteq I\backslash\langle i\rangle} \frac{\mid\amalg\mid!\ (I-\mid\amalg\mid-1)!}{I!}v^I(i)=v^I(i)$$

于是基于夏普利值的指标权重 w_i^I 为

$$w_i^I = \frac{\Phi_i^I}{\sum\limits_{j=1}^{I}\Phi_j^I} = \frac{v^I(i)}{\sum\limits_{j=1}^{I}v^I(j)}. \tag{5}$$

从经济意义上来看,每个指标 i 的夏普利值 Φ_i^I 衡量了所有经济体之间的不平等性。指标 i 的夏普利值 Φ_i^I 越高,不同经济之间的在相应指标上的表现差异就越大,于是我们就会赋予指标 i 更高的权重 w_i^I。如果政府想要降低经济体之间的不平等性的话,它就应该实施政策来着重提高那些权重较高的指标。

A. 2. 2 子类别层面和大类层面

对每个经济体 $e \in E$,其任何一个子类别 $s \in S$ 的计算值都是由该子类别所包含的指标集(即 I_s)决定的。式(5)决定了每个指标的权重,并用 $w_i^{I_s}$ 表示指标 $i \in I_s$ 的权重。因此,每个经济体 $e \in E$ 的任何一个子类别 $s \in S$ 的计算值可正式表示为

$$X_{es} = \sum_{i=1}^{I_s} w_i^{I_s} SV_{ei}. \tag{6}$$

与指标层面的分析类似,我们把子类别 $s \in S$ 的计算值进行标准化即可得到 SV_{es}。

用 $v^S : 2^S \to \mathbb{R}$ 表示子类别的特征函数。对每个子类别 $s \in S$, $v^S(s) : \mathbb{R}^S \to \mathbb{R}$ 表示对所有的经济体 $e \in E$,子类别 s 的值都来自 X_{es}。我们有

$$v^S(s) = \sum_{e=1}^{E} \mid SV_{es}\mid. \tag{7}$$

利用可加性假设,可得到子类别 $s \in S$ 的夏普利值

$$\Phi_s^S = v^S(s), \tag{8}$$

每个子类别的权重为

$$w_s^S = \frac{\Phi_s^S}{\sum\limits_{j=1}^{S} \Phi_j^S} = \frac{v^S(s)}{\sum\limits_{j=1}^{S} v^S(j)}. \tag{9}$$

每个大类的夏普利值的构建和权重分配与上述过程类似,因此予以省略。用 $v^N: 2^N \to \mathbb{R}$ 表示大类的特征函数,每个大类 $n \in N$ 的夏普利值为

$$\Phi_n^N = v^N(n), \tag{10}$$

每个大类的权重为

$$w_n^N = \frac{\Phi_n^N}{\sum\limits_{j=1}^{N} \Phi_j^N} = \frac{v^N(n)}{\sum\limits_{j=1}^{N} v^N(j)}. \tag{11}$$

Φ_s^S 和 Φ_n^N 的经济学解释与指标层面的夏普利值 Φ_i^I 的经济学解释是相同的。它们分别表示所有经济体之间子类别层面和大类层面的不平等性。权重 w_s^S 和 w_n^N 的值越高,则不同经济体之间在相应领域的表现差异就越大。因此政府的注意力要放在这些权重较高的大类和子类别上方面。

A.2.3　指数构建

为构建最终的指数并对全部的经济体进行排名,首先,我们要计算每个经济体 $e \in E$ 的最终得分,即

$$F_e = \sum_{n=1}^{N} w_n^N SV_{en}, \tag{12}$$

其中 SV_{en} 是大类 n 下经济体 e 的标准化值。

然后,我们对最终得分进行标准化,

$$R_e = \frac{F_e - \bar{F}}{SD_F}, \tag{13}$$

其中 $\bar{F} = \dfrac{1}{E} \sum\limits_{e=1}^{E} F_e$，$SD_F = \sqrt{\dfrac{1}{E} \sum\limits_{e=1}^{E} (F_e - \bar{F})^2}$

我们根据 R_e 的值对全部的经济体 $e \in E$ 进行排名。R_e 的值就是每个经济体的指数值。

附录 B 中国一线城市(北京、上海、广州、深圳)的 20%最佳指标和 20%最差指标

表 B.1   北京 **20%最佳指标**

排名	20%最佳指标	得分	大类
1	交通运输、仓储和邮政业人数	5.0216	EV&C
2	中学教师学生比	4.3722	SC
3	人均政府环境保护支出	4.1305	EF&S
4	建成区绿化覆盖率	3.7783	EF&S
5	每万人公共设施管理从业人数	2.9575	CG
6	政府公共安全支出	2.8485	DS&S
7	每万人年末实有出租汽车数	2.5940	SC
8	第三产业占地区生产总值百分比	2.5232	EV&C
9	城镇单位就业人员年平均工资	2.4582	EV&C
10	基本医疗保险覆盖率	2.4119	SC
11	失业保险覆盖率	2.3757	SC
12	基本养老保险覆盖率	2.0668	SC
13	税收占公共财政预算收入百分比	2.0665	CG
14	用水普及率	1.9988	EV&C
15	每万人拥有医生数(执业医师＋执业助理医师)	1.9321	SC
16	预期寿命	1.8836	SC
17	城镇家庭恩格尔系数	1.8261	SC
18	人均移动电话用户数	1.7265	EV&C
19	体育运动中心数量	1.6773	SC
20	总抚养比	1.6084	SC
21	人均铁路客运量	1.5572	EV&C
22	外资企业占规模以上工业企业百分比	1.4474	EV&C
23	燃气普及率	1.3516	EV&C
24	人均政府教育支出	1.3295	SC

注：其中 EV&C 表示经济活力与竞争力,EF&S 表示环保与可持续性,DS&S 表示地区安全与稳定,SC 表示社会文化状况,CG 表示城市治理。

资料来源：亚洲竞争力研究所和上海社会科学院。

表 B. 2　　　　　　　　　　　　北京 20%最差指标

排名	20%最佳指标	得分	大类
97	二氧化氮浓度	−0.888 4	EF&S
98	人均交通事故直接损失	−0.956 0	DS&S
99	每十万人交通事故死亡人数	−0.959 0	DS&S
100	医疗便捷程度(调查)	−1.015 9	SC
101	每万人拥有中小学数	−1.080 2	SC
102	人均居民生活用气	−1.080 4	EF&S
103	自来水质量满意度(调查)	−1.118 8	SC
104	教育负担能力(调查)	−1.164 7	SC
105	空气质量达到二级及以上天数占全年百分比	−1.197 7	EF&S
106	人均居民生活用电	−1.209 8	EF&S
107	居住条件满意度(调查)	−1.216 9	SC
108	人均居民生活用水	−1.253 9	EF&S
109	每万人国家机构年末就业人数	−1.302 2	CG
110	空气质量满意度(调查)	−1.341 9	EF&S
111	固定资产投资占地区生产总值百分比	−1.526 3	EV&C
112	国家机构工作人员收入与平均工资之比	−1.648 0	CG
113	对待外来人口友善程度(调查)	−1.756 4	SC
114	收入房价比	−2.202 3	SC
115	每万人口中学生数	−2.322 1	SC
116	第二产业占地区生产总值百分比	−2.361 9	EV&C
117	国有企业占规模以上工业企业百分比	−2.562 9	EV&C
118	生活压力(调查)	−2.572 1	SC
119	每万元地区生产总值能耗	−2.826 7	EF&S
120	收入差距(调查)	−3.073 9	SC

　　注：其中 EV&C 表示经济活力与竞争力,EF&S 表示环保与可持续性,DS&S 表示地区安全与稳定,SC 表示社会文化状况,CG 表示城市治理。

　　资料来源：亚洲竞争力研究所和上海社会科学院。

表 B. 3　　　　　　　　　　　　上海 20%最佳指标

排名	20%最佳指标	得分	大类
1	体育运动中心数量	4.780 2	SC
2	交通运输、仓储和邮政业人数	4.327 4	EV&C
3	外资企业占规模以上工业企业百分比	3.474 7	EV&C
4	供水管道密度	3.407 7	EV&C
5	每百户城市家庭拥有电脑数	3.191 5	EV&C
6	城镇单位就业人员年平均工资	2.352 5	EV&C
7	用水普及率	2.142 7	EV&C
8	税收占公共财政预算收入百分比	2.091 8	CG
9	政府公共安全支出	2.055 1	DS&S
10	预期寿命	1.918 8	SC
11	基本医疗保险覆盖率	1.887 2	SC
12	酒店房间入住率	1.874 0	EV&C
13	基本养老保险覆盖率	1.658 6	SC
14	第三产业占地区生产总值百分比	1.658 1	EV&C
15	总抚养比	1.602 4	SC
16	人均交通事故直接损失	1.585 5	DS&S
17	人均外国入境旅游人次	1.583 1	EV&C
18	经济发展满意度(调查)	1.527 6	EV&C
19	失业保险覆盖率	1.504 3	SC
20	货物进出口总额占地区生产总值比例	1.468 0	EV&C
21	公共交通方便程度(调查)	1.421 9	SC
22	燃气普及率	1.367 5	EV&C
23	购物便捷程度(调查)	1.348 7	SC
24	森林覆盖率	1.325 6	EF&S

注：其中 EV&C 表示经济活力与竞争力，EF&S 表示环保与可持续性，DS&S 表示地区安全与稳定，SC 表示社会文化状况，CG 表示城市治理。
资料来源：亚洲竞争力研究所和上海社会科学院。

表 B.4　　　　　　　　　　　　　上海 20% 最差指标

排名	20% 最佳指标	得分	大类
97	每万人高等教育入学数	−0.415 2	SC
98	住房负担能力(调查)	−0.539 5	SC
99	人均公路客运量	−0.542 4	EV&C
100	每万人拥有私人汽车数	−0.607 8	SC
101	每万人公共设施管理从业人数	−0.659 8	CG
102	每万元地区生产总值能耗	−0.847 5	EF&S
103	工业烟(粉)尘排放量	−0.859 0	EF&S
104	65 岁以上人口比例	−1.012 2	SC
105	人均居民生活用气	−1.084 4	EF&S
106	人均居民生活用电	−1.210 9	EF&S
107	对待外来人口友善程度(调查)	−1.258 7	SC
108	人均居民生活用水	−1.292 4	EF&S
109	每万人拥有中小学数	−1.306 1	SC
110	第二产业占地区生产总值百分比	−1.350 2	EV&C
111	平均噪声值	−1.406 7	EF&S
112	国家机构工作人员收入与平均工资之比	−1.422 2	CG
113	教育负担能力(调查)	−1.450 5	SC
114	基于 IPCC 方法计算的 CO_2 排放量	−1.646 6	EF&S
115	固定资产投资占地区生产总值百分比	−1.775 3	EV&C
116	收入房价比	−1.813 5	SC
117	每万人口中学生数	−2.163 5	SC
118	生活压力(调查)	−2.862 0	SC
119	收入差距(调查)	−2.936 5	SC
120	通货膨胀率(城镇居民消费价格指数)	−2.942 0	EV&C

注：其中 EV&C 表示经济活力与竞争力,EF&S 表示环保与可持续性,DS&S 表示地区安全与稳定,SC 表示社会文化状况,CG 表示城市治理。

资料来源：亚洲竞争力研究所和上海社会科学院。

表 B. 5 广州 20%最佳指标

排名	20%最佳指标	得分	大类
1	人均外国人入境旅游人次	3.263 6	EV&C
2	基本养老保险覆盖率	2.696 5	SC
3	每万人拥有限额以上批发零售贸易企业数	2.523 6	SC
4	人均移动电话用户数	2.405 2	EV&C
5	交通运输、仓储和邮政业人数	2.260 6	EV&C
6	电子商务发展指数	2.237 3	EV&C
7	人均公路客运量	2.075 6	EV&C
8	人均国际旅游外汇收入	2.063 1	EV&C
9	用水普及率	1.957 6	EV&C
10	65 岁以上人口比例	1.670 2	SC
11	第三产业占地区生产总值百分比	1.622 5	EV&C
12	供水管道密度	1.530 6	EV&C
13	每万人高等教育入学数	1.529 0	SC
14	人均民航客运量	1.448 3	EV&C
15	每万人星级酒店数量	1.275 1	EV&C
16	失业保险覆盖率	1.263 4	SC
17	体育运动中心数量	1.121 1	SC
18	外资企业占规模以上工业企业百分比	1.050 2	EV&C
19	基本医疗保险覆盖率	1.006 7	SC
20	可吸入颗粒物浓度	1.002 4	EF&S
21	总抚养比	0.985 8	SC
22	每万人拥有公共汽车数	0.922 6	SC
23	每万人拥有高等教育机构数	0.919 1	SC
24	城镇单位就业人员年平均工资	0.873 9	EV&C

注：其中 EV&C 表示经济活力与竞争力，EF&S 表示环保与可持续性，DS&S 表示地区安全与稳定，SC 表示社会文化状况，CG 表示城市治理。

资料来源：亚洲竞争力研究所和上海社会科学院。

排名	20%最佳指标	得分	大类
	表 B. 6	**广州 20%最差指标**	
97	自然环境满意度(调查)	−0.901 2	EF&S
98	反腐满意度(调查)	−0.906 4	CG
99	化学需氧量	−0.910 1	EF&S
100	家庭医疗支出占可支配收入百分比	−0.963 2	SC
101	自来水质量满意度(调查)	−0.969 0	SC
102	森林覆盖率	−1.039 3	EF&S
103	城管服务(调查)	−1.041 2	CG
104	警察服务满意度(调查)	−1.052 0	DS&S
105	收入房价比	−1.080 1	SC
106	通货膨胀率(城镇居民消费价格指数)	−1.080 3	EV&C
107	城镇家庭恩格尔系数	−1.108 4	SC
108	每万元地区生产总值能耗	−1.128 9	EF&S
109	对待外来人口友善程度(调查)	−1.139 9	SC
110	空气质量满意度(调查)	−1.179 1	EF&S
111	住房负担能力(调查)	−1.242 6	SC
112	食品安全(调查)	−1.275 0	SC
113	公厕便捷与清洁度(调查)	−1.297 8	SC
114	第二产业占地区生产总值百分比	−1.389 4	EV&C
115	教育负担能力(调查)	−1.459 5	SC
116	生活压力(调查)	−1.471 4	SC
117	固定资产投资占地区生产总值百分比	−1.583 5	EV&C
118	收入差距(调查)	−1.740 8	SC
119	人均居民生活用电	−2.086 4	EF&S
120	人均居民生活用水	−3.180 9	EF&S

注:其中 EV&C 表示经济活力与竞争力,EF&S 表示环保与可持续性,DS&S 表示地区安全与稳定,SC 表示社会文化状况,CG 表示城市治理。

资料来源:亚洲竞争力研究所和上海社会科学院。

表 B. 7   深圳 20%最佳指标

排名	20%最佳指标	得分	大类
1	人均外国入境旅游人次	5.640 5	EV&C
2	供水管道密度	5.161 3	EV&C
3	失业保险覆盖率	4.841 2	SC
4	每万人拥有公共汽车数	4.726 7	SC
5	道路密度	3.983 7	EV&C
6	基本医疗保险覆盖率	3.670 8	SC
7	基本养老保险覆盖率	3.135 6	SC
8	人均移动电话用户数	2.666 6	EV&C
9	电子商务发展指数	2.237 3	EV&C
10	货物进出口总额占地区生产总值比例	2.183 9	EV&C
11	用水普及率	2.142 7	EV&C
12	每万人拥有限额以上批发零售贸易企业数	1.898 9	SC
13	人均国际旅游外汇收入	1.790 4	EV&C
14	交通运输、仓储和邮政业人数	1.751 2	EV&C
15	人均地方财政预算支出	1.716 2	CG
16	65 岁以上人口比例	1.670 2	SC
17	经济发展满意度(调查)	1.668 2	EV&C
18	互联网普及度	1.596 8	EV&C
19	空气质量达到二级及以上天数占全年百分比	1.447 4	EF&S
20	可吸入颗粒物浓度	1.444 4	EF&S
21	每万人星级酒店数量	1.275 1	EV&C
22	人均地区生产总值	1.251 6	EV&C
23	购物便捷程度(调查)	1.209 7	SC
24	二氧化硫浓度	1.145 4	EF&S

注：其中 EV&C 表示经济活力与竞争力,EF&S 表示环保与可持续性,DS&S 表示地区安全与稳定,SC 表示社会文化状况,CG 表示城市治理。

资料来源：亚洲竞争力研究所和上海社会科学院。

表 B. 8 深圳 20%最差指标

排名	20%最佳指标	得分	大类
97	居住条件满意度(调查)	−0.485 6	SC
98	小学教师学生比	−0.501 3	SC
99	普通中学师生比	−0.590 4	SC
100	平均噪声值	−0.613 2	EF&S
101	每万人公共设施管理从业人数	−0.736 8	CG
102	每万人拥有高等教育机构数	−0.762 1	SC
103	每万人高等教育学生数	−0.903 0	SC
104	化学需氧量	−0.905 8	EF&S
105	家庭医疗支出占可支配收入百分比	−0.963 2	SC
106	森林覆盖率	−1.039 3	EF&S
107	收入房价比	−1.080 1	SC
108	通货膨胀率(城镇居民消费价格指数)	−1.080 3	EV&C
109	城镇居民恩格尔系数	−1.108 4	SC
110	每万元地区生产总值能耗	−1.128 9	EF&S
111	住房负担能力(调查)	−1.204 0	SC
112	每万人拥有中小学数	−1.456 4	SC
113	每万人口中学生数	−1.461 7	SC
114	教育负担能力(调查)	−1.513 3	SC
115	每万人拥有医院病床数	−1.727 5	SC
116	人均居民生活用水	−1.740 0	EF&S
117	人均居民生活用电	−1.814 4	EF&S
118	固定资产投资占地区生产总值百分比	−1.887 1	EV&C
119	生活压力(调查)	−2.533 6	SC
120	收入差距(调查)	−2.776 8	SC

注:其中 EV&C 表示经济活力与竞争力,EF&S 表示环保与可持续性,DS&S 表示地区安全与稳定,SC 表示社会文化状况,CG 表示城市治理。

资料来源:亚洲竞争力研究所和上海社会科学院。

图书在版编目(CIP)数据

中国城市宜居指数：排名分析、模拟及政策评估 /
沈开艳等著 .— 上海：上海社会科学院出版社，2020
ISBN 978 - 7 - 5520 - 3326 - 7

Ⅰ.①中… Ⅱ.①沈… Ⅲ.①城市环境－居住环境－
环境质量评价－中国 Ⅳ.①X21

中国版本图书馆 CIP 数据核字(2020)第 194270 号

中国城市宜居指数：排名分析、模拟及政策评估

著　　者：沈开艳　陈企业　王红霞　张续垚　毛　可
责任编辑：应韶荃
封面设计：周清华
出版发行：上海社会科学院出版社
　　　　　上海顺昌路 622 号　邮编 200025
　　　　　电话总机 021 - 63315947　销售热线 021 - 53063735
　　　　　http：//www. sassp. cn　E-mail：sassp@sassp. cn
照　　排：南京前锦排版服务有限公司
印　　刷：镇江文苑制版印刷有限责任公司
开　　本：710 毫米×1010 毫米　1/16
印　　张：12.5
字　　数：172 千字
版　　次：2020 年 11 月第 1 版　　2020 年 11 月第 1 次印刷

ISBN 978 - 7 - 5520 - 3326 - 7/X · 019　　　定价：65.00 元